国家“十一五”重点规划图书

标准走进百姓家丛书

化妆品知识问答

国家标准化管理委员会
中国标准出版社
组织编写

董益阳　主编

中国标准出版社
北京

图书在版编目(CIP)数据

化妆品知识问答/董益阳主编. —北京:中国标准出版社,2011

(标准走进百姓家丛书)

ISBN 978-7-5066-6266-6

Ⅰ.①化… Ⅱ.①董… Ⅲ.①化妆品-回答 Ⅳ.①TQ658-44

中国版本图书馆CIP数据核字(2011)第030036号

中国标准出版社出版发行
北京复兴门外三里河北街16号
邮政编码:100045
网址 www.spc.net.cn
电话:68523946 68517548
中国标准出版社秦皇岛印刷厂印刷
各地新华书店经销

*

开本 787×960 1/32 印张 7.625 字数 132 千字
2011年4月第一版 2011年4月第一次印刷

*

定价 **17.00** 元

《标准走进百姓家丛书》
编辑委员会

《化妆品知识问答》
编写人员

主　　编　董益阳

副 主 编　曹宝森

主　　审　白　桦

编写人员	毛希琴	周泽琳	戴彦韵
	蔡　晶	张　征	孙　亮
	王　峰	席绍峰	吴玉銮
	穆同娜	刘　延	何瑞云
	屠海云	芮　昶	骆劲松
	白　桦	董益阳	曹宝森

《标准走进百姓家丛书》
（第四批）
出版说明

《标准走进百姓家丛书》是国家新闻出版总署批准的国家“十一五”重点规划图书，由中国标准出版社策划和组织编写。《标准走进百姓家丛书》的策划着眼于标准与百姓日常生活的结合，以服务百姓为创作目的。该丛书具有鲜明的思想性，旨在普及日常生活中的标准知识，阐释标准的内容和真谛，使百姓具备应用标准知识的技能，以提高百姓的标准化意识和科学素质；丛书具有广泛的普及性，适合各行各业、各个年龄段的读者使用；丛书具有严谨的科学性，引用标准准确，内容真实可靠。

该丛书按照知识性科普图书策划，其内容覆盖了与百姓生活相关的若干学科的标准知识；按照读者的文化程度划分，既有初级科普图书，也有中级科普图书；按照读者的年龄划分，既有幼儿和小学低年级读物，也有成年人读物。在丛书体裁的设计创新上，我社根据各类标准的不同特性和百姓受众的特点，对于百姓最为关心的衣、食、住、行、游等领域的标准，采取一问一答的讲述体形式进行阐述，查阅方便，并适时配以图片、插图等，图文并茂，活泼生动。对于百姓日常生活紧密相关的公共信息图形符号、设备用标准图形符号等标准标志，采取画册和挂图形式，既教百姓认标志，又给百姓作向导，直观、简明、易懂、易记。对于儿童类题材，选取生活中常见的标志，用图形、汉语拼音、中文规范汉字、对应英文词展示，使孩子们看图知意，益智增识。

在 2006 年至 2008 年这三年里，中国标准出版社先后分三批出版了《标准走进百姓家丛书》中的知识问答图书 35 种，儿童画书 5 种，挂图 3 种，图集 1 种。2009 年，在第四批丛书的策划上，我社仍围绕标准与百姓结合的主题，策划了专题项目《食品标准化知识问答》、《酒类知识问答》、《饮水安全知识问答》、《防震减灾基础知识问答》、《视力不良防治知识问答》等。至此,《标准走进百姓家丛书》形成了与百姓生活密切相关的“衣”“食”“住”“行”“游”“学”“用”“综合”“儿童读物”以及挂图等系列,初步建立了普及标准化知识的书系,赢得了百姓的一致好评。几年中,我社力邀的既具有广博的标准知识,又熟悉行业、熟悉读者需求的热心标准科普事业的作者,为奉献出优秀的科普作品倾注了全部才智。

我们设想,经过几年的不懈努力,该丛书将以它特有的形式,构成普及标准化知识的斑斓长卷。我们期待,标准化科普知识的宣传和传播,能使百姓的科学素质得到提高,从而为构建和谐社会贡献力量。

中国标准出版社

2009年1月

前　言

化妆品是重要的个人消费品类别，我国现已成为世界化妆品生产和消费大国，近年来随着国民经济的持续稳步发展，人民生活水平不断提高，化妆品的质量效用和消费安全也日益为广大消费者普遍关注。但由于消费者的化妆品相关知识不足，常导致盲目和错误消费，甚至引发严重的化妆品消费安全事件。因此，有必要从科普的角度，系统介绍化妆品的相关知识。

本书基于我国化妆品相关管理制度和技术标准，从化妆品的综合知识、质量功效、监督检验、卫生安全、鉴别选购和使用保存等六个方面进行系统介绍，内容全面，浅显易懂，旨在成为广大消费者全面快速地了解化妆品相关知识的一本生活手册，供百姓日常消费参考：本书也可作为化妆品生产管理人员和专业技术人员的业余读物。

需注意的是，由于我国的化妆品相关管理制度尚在健全和完善过程中，故读者可能需要及时参考本书部分内容的相关最新信息。由于水平和时间关系，本书难免会有不足之处，因此，我们也非常期待广大读者进一步提出宝贵建议和意见。

编　者

2011 年 1 月

目　录

一、综合知识篇

二、质量功效篇

三、监督检验篇

四、卫生安全篇

五、鉴别选购篇

六、使用保存篇

一、综合知识篇

1. 什么是化妆品？

目前关于化妆品的定义各监管部门还未统一，国家标准 GB 5296.3—2008《消费品使用说明　化妆品通用标签》中化妆品的定义是：以涂抹、洒、喷或其他类似方式，施于人体表面任何部位(皮肤、毛发、指甲、口唇等)，以达到清洁、芳香、改变外观、修正人体气味、保养、保持良好状态目的的产品。

国家质量监督检验检疫总局令第 100 号《化妆品标识管理规定》(2007 年)中化妆品的定义是：指以涂抹、喷、洒或者其他类似方式，施于人体(皮肤、毛发、指趾甲、口唇齿等)，以达到清洁、保养、美化、修饰和改变外观，或者修正人体气味，保持良好状态为目的的产品。

卫生部 2007 版《化妆品卫生规范》中化妆品的定义是：指以涂擦、喷洒或者其他类似的方法，散布于人体表面任何部位(皮肤、毛发、指甲、口唇等)，以达到清洁、消除不良气味、护肤、美容和修饰目的的日用化学工业产品。

GB 5296.3 是强制性国家标准，适用于在中华人民共和国境内销售的化妆品，不包含香皂、牙膏、漱口水。国家质量监督检验检疫总局令第 100 号适用于在中华人民共和国境内生产(含分装)、销售的化妆品,不适用于进出口化妆品,但该部门规章将香皂、牙膏、漱口水纳入化妆品范围。《化妆品卫生规范》是卫生部发布的,适用于在中华人民共和国境内销售的化妆品,也不包含香皂、牙膏、漱口水。

2. 我国国家标准对化妆品是如何分类的?

GB/T 18670—2002《化妆品分类》按产品功能、使用部位将化妆品分为:清洁类化妆品、护理类化妆品及美容/修饰类化妆品。三类化妆品均是以涂抹、喷洒或其他类似方法,施于人体表面(如皮肤、毛发、指甲、口唇等),不同的是:清洁类化妆品起到清洁卫生作用或消除不良气味,护理类化妆品起到保养作用,美容/修饰类化妆品起到美容、修饰、增加人体魅力保养作用。

各种化妆品的详细分类信息见表1。

表1 化妆品分类

施用部位	清洁类化妆品	护理类化妆品	美容/修饰类化妆品
皮肤	洗面奶,卸妆水(乳),清洁霜(蜜),面膜,花露水,痱子粉,爽身粉,浴液	护肤膏霜、乳液,化妆水	粉饼,胭脂,眼影,眼线笔(液),眉笔,香水,古龙水
毛发	洗发液,洗发膏,剃须膏	护发素,发乳,发油/发蜡,焗油膏	定型摩丝/发胶,染发剂,烫发剂,睫毛液(膏),生发剂,脱毛剂

续表 1

施用部位	清洁类化妆品	护理类化妆品	美容/修饰类化妆品
指甲	洗甲液	护甲水(霜),指甲硬化剂	指甲油
口唇	唇部卸妆液	润唇膏	唇膏,唇彩,唇线笔

卫生部《化妆品卫生监督条例》还列出了特殊用途化妆品,特殊用途化妆品是指用于育发、染发、烫发、脱毛、美乳、健美、除臭、祛斑、防晒的化妆品。

3. 目前我国发布的有关化妆品的标准有哪些?

目前我国发布的有关化妆品的标准主要有通用标准(包括标签标准、卫生标准、包装标准)、产品标准、检验方法标准和原料标准(详见附录)。

(1) 通用标准

涉及化妆品的分类、标签、包装、储藏以及卫生和安全性评价等方面,主要有 GB/T 18670—2002《化妆品分类》、GB 5296. 3—2008《消费品使用说明　化妆品通用标签》、GB 23350—2009《限制商品过度包装要求　食品和化妆品》、SB/T 10181—1993《化妆品商品储藏技术》、GB 7916—1987《化妆品卫生标准》、GB 7919—1987《化妆品安全性评价程序和方法》。

(2) 产品标准

涉及清洁类化妆品、护理类化妆品和美容/修饰类化妆品这三大类化妆品中的多种产品，如QB/T 1645—2004《洗面奶(膏)》、QB/T 1857—2004《润肤膏霜》、QB/T 1976—2004《化妆粉块》及QB/T 1977—2004《唇膏》等。

值得一提的是，除GB 8372—2008《牙膏》为国家标准外，其余均为轻工行业标准。

(3) 检验方法标准

目前涉及化妆品领域的检验方法标准有国家标准、轻工行业标准、出入境检验检疫行业标准三类，共约80项，其中国家标准26项、轻工行业标准8项、出入境检验检疫行业标准46项，内容涉及通用检验(pH值、浊度等)、微生物指标检验(细菌总数、粪大肠菌群等)、卫生指标检验(汞、砷等)，以及进出口化妆品各项指标的检验。

(4) 原料标准

涉及化妆品原料的标准不多，仅轻工行业标准QB/T 2488—2006《化妆品用芦荟汁、粉》一项。

4. 化妆品标准编号中的字母和数字分别代表什么？

化妆品标准编号由标准代号、标准发布的顺序号和标准发布的年号组成。

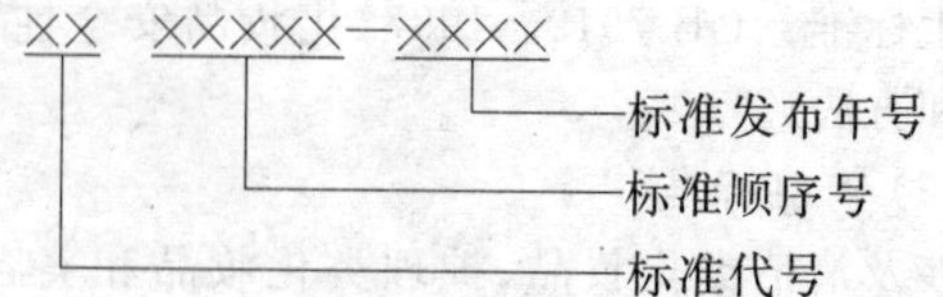

国家标准代号为GB,“GB”表示强制性的国家标准,“GB/T”表示推荐性的国家标准。化妆品属于轻工产品,轻工行业标准代号为QB,“QB”表示强制性的轻工行业标准,“QB/T”表示推荐性的轻工行业标准。如:GB 7916—1987《化妆品卫生标准》、QB 1643—1998《发用摩丝》、QB/T 1857—2004《润肤膏霜》,其中“GB”、“QB”、“QB/T”为标准代号,“7916”、“1643”、“1857”为标准发布的顺序号,“1987”、“1998”、“2004”为该标准发布的年号。

5. 什么是国际标准?ISO是什么组织?

根据GB/T 20000.2—2009《标准化工作指南　第2部分:采用国际标准》,国际标准(International Standard)是指由国际标准化组织(ISO)、国际电工委员会(IEC)和国际电信联盟(ITU)以及ISO确认并公布的其他国际组织制定的标准。化妆品领域的国际标准基于各化妆品国际标准化成员间的协调一致,是组织化妆品生产、质量检验和质量管理等重要工作的技术依据,对化妆品业发展和消费者保护具有极为重要的作用。

国际标准化组织(ISO)是在1926年成立的国家标准化协会国际联盟(ISA)和1944年成立的联合国标准协调委员会(UNSCC)合并的基础上,于1946年10月14日由25个国家的代表于伦敦土木工程师研究所集会建议并于1947年2月23日正式成立的，是目前世界上规模最大和最权威的国际非政府组织和标准化专门机构。ISO总部设在瑞士日内瓦，工作语言是英语、法语和俄语，包括全体大会、主要官员、成员团体、通信成员、捐助成员、政策发展委员会、理事会、中央秘书处、特别咨询组、技术管理局、标样委员会、技术咨询组等组成机构。

国际标准化组织(ISO)的主要活动是制定国际标准，协调世界范围的标准化工作，组织各成员国和技术委员会进行情报交流以及与其他国际组织进行合作，共同研究有关标准化问题，促进全球社会经济进步。

6. 我国有ISO的对应机构及与ISO/TC对应的技术机构吗？

1978年9月1日，我国曾以中国标准化协会(CAS)的名义参加ISO。1988年起改为以国家技术监督局的名义参加ISO的工作。现在，国家标准化管理委员会(SAC)是履行国务院授权的行政管理职能，统一管理全国标准化工作的主管机构，并代表我国参加ISO相关活动，故SAC是ISO在中国的对应机构。

在技术委员会层面，我国国家标准化管理委员会(SAC)所设全国香精香料化妆品标准化技术委员会TC 257下的化妆品分技术委员会(SC 2)是我国制定化妆品国家标准的主要机构，对口ISO/TC 217，现秘书处设在上海香料研究所，主管部门为中国轻工业联合会。

7. 目前国际上已发布了哪些有关化妆品的ISO标准？

目前，ISO已发布16项化妆品国际标准（详见附录），这些标准主要分布在产品良好生产规范、包装标识管理、功用效能表征、微生物学检验和禁限用物质检测等诸多领域，在国际化妆品质量安全保证以及消费者健康和权益保护方面发挥了积极作用。

目前，为进一步规范化妆品术语和评价方法，国际化妆品标准化技术委员会ISO/TC 217正在制定ISO/DIS 11930《化妆品　微生物学　化妆品防腐剂的能效测试与评价》、ISO/DIS 12787《化妆品　分析方法　色谱分析结果的验证标准》等8项相关标准（详见附录）。

8. OECD是什么组织？与化妆品安全相关的OECD指南文件有哪些？

经济合作与发展组织，简称经合组织（OECD），是由31个市场经济国家（澳大利亚、奥地利、比利时、加拿大、智利、捷克、丹麦、芬兰、法国、德国、希腊、匈牙利、冰岛、爱尔兰、意大利、日本、韩国、卢森堡、墨西哥、荷兰、新西兰、挪威、波兰、葡萄牙、斯洛伐克、西班牙、瑞典、瑞士、土耳其、英国、美国）组成的政府间国际经济组织，旨在共同应对全球化带来的经济、社会、环境和治理等方面的挑战，把握全球化带来的机遇，增加就业，提高生活水平，维护金融稳定，促进经济的可持续发展。OECD 于 1961 年正式成立，总部设在法国巴黎。

OECD 化学品检测指南（OECD Guidelines for the Testing of Chemicals）是目前国际上最权威的与化妆品安全相关的技术性法律文件，我国卫生部 2007 版《化妆品卫生规范》中的毒理学试验方法内容对此文件做了规范性引用，OECD 的这些方法目前大多也已翻译为我国国家标准发布。

OECD 化学品检测指南中与化妆品安全相关的指南文件约有 60 个，按测试方法的性质可大致分为体内急性和亚急性毒性、慢性和亚慢性毒性、遗传毒性、生殖/发育毒性和体外毒性测试等五类。

值得一提的是，上述 OECD 方法已包括了动物试验和动物替代试验测试方法。由于涉及较多的专业知识，这些指南文件的阅读理解最好在专业人士的指导下进行。

9. 儿童用化妆品标准与成人用化妆品标准有哪些不同？

目前，我国还没有专门的儿童护肤品标准，在化妆品产品标准和卫生部 2007 版《化妆品卫生规范》中也没有严格区分儿童产品和成人产品的检测指标，通常是对部分检测项目做出了区别限定。

2007 版《化妆品卫生规范》规定，成人化妆品菌落总数不得大于 1 000 CFU/mL 或 1 000 CFU/g，而婴儿和儿童用化妆品菌落总数不得大于 500 CFU/mL 或 500 CFU/g；硼酸、硼酸盐、四硼酸盐不得用于3 岁以下儿童使用的产品；斑蝥素在儿童产品中禁用；水杨酸和盐类物质，除香波外不得用于 3 岁以下儿童使用的产品；沉积在二氧化钛上的氯化银，不得用于 3 岁以下儿童使用的产品。QB/T 1859—2004《香粉、爽身粉、痱子粉》规定了儿童产品的 pH 值指标为 4.5～9.5（其他产品为 4.5～10.5）。QB/T 1974—2004《洗发液（膏）》特别规定儿童产品的泡沫项目指标为≥40 mm（其他的透明产品为≥100 mm，非透明产品为≥50 mm），有效物项目指标为≥8.0%（成人产品为≥10.0%）。QB 1994—2004《沐浴剂》规定了儿童产品的总活性物指标为≥9%（成人型为≥12%），pH 值指标为 4.0～8.5（成人型为 4.0～10.0）。GB 8372—2008《牙膏》针对儿童产品规定了可溶氟或游离氟含量、总氟量的指标值均为 0.05%～0.11%（其他类为 0.05%～0.15%）。

10. 化妆品的主要原料有哪些？

化妆品的原料极其广泛，凡是对人体肤发有清洁、保护、滋养、疗效、美化作用，或保护制品品质等所需的物料，皆可称为化妆品原料。化妆品原料就其在化妆品中的作用而言可分为基质原料和辅助原料两类。基质原料是化妆品的主体，在化妆品配方中占有较大比例，是化妆品中起到主要功能作用的物质；而辅助原料是对化妆品的成形、稳定或赋予色、香以及其他特性起作用的物质，这些物质在化妆品配方中用量不大，但却极其重要。

(1) 基质原料

① 油性原料：包括天然油质原料和合成油质原料两大类，主要指油脂、蜡类原料、烃类、脂肪酸、脂肪醇和酯类等，是化妆品的一类主要原料。

② 粉质原料：主要用于粉末状化妆品，如爽身粉、香粉、粉饼、唇膏、胭脂以及眼影等，在化妆品中主要起到遮盖、滑爽、附着、吸收、延展作用。常用在化妆品中的粉质原料有无机粉质原料（如滑石粉、钛白粉、硅藻土等）、有机粉质原料（如硬脂酸锌、聚乙烯粉等）以及其他粉质原料（如尿素甲醛泡沫、丝粉等）。

③ 胶质原料：水溶性的高分子化合物，它在水中能膨胀成胶体，应用于化妆品中会产生多种功能，作为胶合剂可使固体粉质原料黏合成型，作为乳化剂对乳状液或悬状剂起到乳化作用，此外还具有增稠或凝胶化作用。化妆品中所用的胶质原料主要分为天然的和合成的两大类。

④ 表面活性剂：有去除污垢、增稠、发泡、润湿等功能，是化妆品中普遍使用的原料。表面活性剂有三种特性：去污作用，生产清洁类化妆品利用该特性；乳化作用，生产膏霜类以及香波类产品利用该特性；湿润渗透作用，生产均匀接触皮肤的产品（如染

发剂、烫发剂)及用于涂展的产品(如面霜、唇膏等)利用该特性。

⑤ 溶剂原料:是液状、浆状、膏霜状化妆品配方中不可缺少的一类主要组成成分,这类化妆品包括:香水、古龙水、花露水、护发素、洗发膏、睫毛膏、剃须膏、香波等,在这些化妆品中溶剂原料起到溶解作用,使得制品具有一定的性能和剂型。溶剂原料包括:水、醇类(乙醇、异丙醇、正丁醇)、酮类(丙酮、丁酮)、醚类酯类、芳香族溶剂(甲苯、二甲苯)。

(2) 辅助原料

① 保湿剂:是一类具有能从潮湿空气中吸收水分性质的吸湿性化合物。主要有:甘油、丙二醇、尿素、透明质酸、水解骨胶原、黏多糖等。

② 防腐剂和抗氧剂:防腐剂的目的是抑制微生物在化妆品中的生长繁殖,起到防止制品劣化变质的作用,抗氧剂的目的是防止和减弱油脂的氧化酸败。常用防腐剂有:苯甲醇、山梨酸、乌洛托品等。常用的抗氧剂有:维生素 E、卵磷脂、维生素 C 等。

③ 香精香料:香料包括天然香料(植物香料和动物香料)和合成香料,香料经调配后成香精(食用香精和日用化学品香精)。

④ 色素:也称着色剂或色料,即可以用来改变其他物质或制品颜色的物质的总称。在化妆品中添加各种色素的作用是使化妆品起到美化、修饰的作用,或为了掩盖化妆品中某些有色成分的不悦色感,以增加化妆产品的颜色美感。化妆品用色素按其来

源分类可分为合成色素、无机色素和动植物色素三大类。

⑤ 营养、疗效型添加剂：包括植物型添加剂、动物型添加剂、生理活性物质添加剂、微量元素和激素类添加剂。

⑥ 特殊用途添加剂：包括防晒剂（二氧化钛、氧化锌等）、染发剂（对苯二胺、过氧化氢、过硼酸钠）、烫发剂（巯基乙酸、半胱氨酸、过氧化氢等）、脱毛剂（巯基乙酸类、硫化钙等）、收敛剂和抑汗剂（硫酸铝钾、硫酸锌、柠檬酸等）、祛臭剂（三氯二苯脲、硼酸等）、杀菌剂（酚类杀菌剂、季铵盐类杀菌剂、有机类杀菌剂）、去屑止痒剂（水杨酸、樟脑、薄荷等）、皮肤助渗剂（薄荷醇、冰片、精油类等）、磨砂剂（聚乙烯、微孔磨砂剂）以及酸碱类添加剂（乳酸、DL-苹果酸、草酸等）。

11. 什么是化妆品生产许可程序?

化妆品生产许可证制度是指依据《中华人民共和国工业产品生产许可证管理条例》及其实施办法，为保证化妆品质量安全，贯彻国家产业政策，促进社会主义市场经济健康、协调发展，对在中华人民共和国境内生产、销售或者在经营活动中使用化妆品的企业，由国务院工业产品生产许可证主管部门对其实行的行政许可制度。

化妆品生产许可范围详见表2。

表 2　化妆品生产许可范围

产品类别	产品单元	产品品种	
化妆品	一般液态单元	护发清洁类	洗发液、洗发膏、发露、发油（不含推进剂）、摩丝（不含推进剂）、梳理剂、洗面奶、液体面膜等
		护肤水类	护肤水、紧肤水、化妆水、收敛水、卸妆水、眼部清洁液、按摩液、护唇液、生发液、护肤精油、无纺布面膜等
		染烫发类	染发剂、烫发剂等
		啫喱类	啫喱水、啫喱膏、美目胶等
	膏霜乳液单元	护肤清洁类	膏、霜、蜜、香脂、奶液、洗面奶、无纺布面膜等
		发用类	发乳、焗油膏、染发膏、护发素等
	粉单元	散粉类	香粉、爽身粉、痱子粉、定妆粉、面膜（粉）、浴盐、洗发粉、染发粉等
		块状粉类	胭脂、眼影、粉饼等
	气雾剂及有机溶剂单元	气雾剂类	摩丝、发胶、彩喷等
		有机溶剂类	香水、花露水、指甲油等
	蜡基单元	唇膏、眉笔、唇线笔、发蜡、睫毛膏、唇彩、液体唇膏等	
牙膏	牙膏	牙膏	

依据《化妆品产品生产许可证换(发)证实施细则》,化妆品企业需要具备以下条件才能进行化妆品生产许可证的申请。

① 企业必须持有工商行政管理部门核发的营业执照。企业的法人名称、经营范围与所持营业执照一致,执照的经营范围必须包括企业申请的化妆品的生产。

② 企业必须获得省级化妆品卫生许可证。

③ 企业生产的化妆品的质量必须符合现行国家标准或有关行业及已备案的企业标准规定的合格品要求,其备案的企业标准应严于或达到相应的强制性国家标准或行业标准。

④ 企业必须有一支保证产品质量和进行正常生产的技术人员、熟练技术工人和计量、检验队伍。

⑤ 企业必须具有生产化妆品的标准和符合规定的技术文件、管理文件(包括工艺文件、作业指导书、检验规程、管理制度等)。

⑥ 企业的生产条件和生产体系必须符合全国工业产品生产许可证办公室制定的《化妆品生产企业质量体系审查办法》的规定。

化妆品生产许可程序包括申请的受理、工厂生产条件审查、产品检验、审定与发证等环节。由产品审查机构和省级质量技术监督局组织的生产许可工作程序详见图 1。

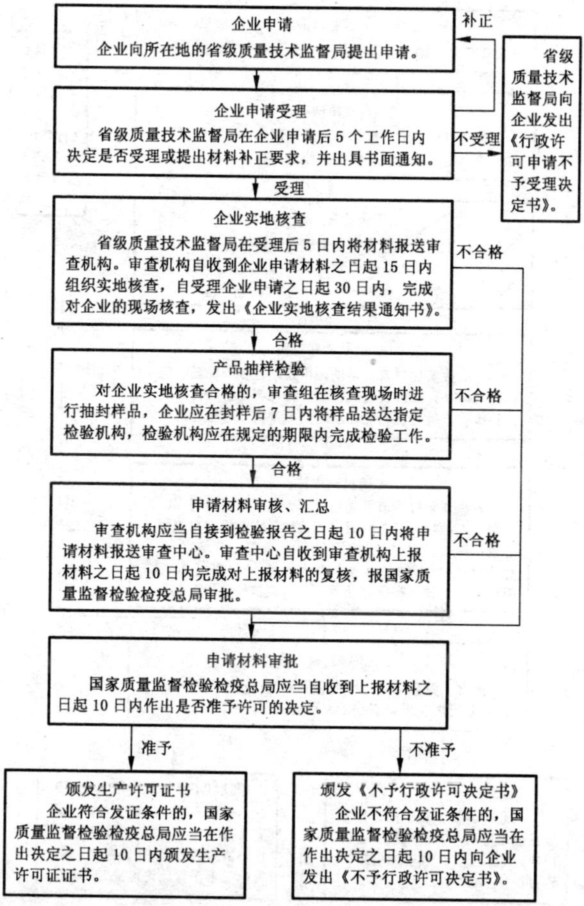

企业申请

企业向所在地的省级质量技术监督局提出申请。

↓

企业申请受理

省级质量技术监督局在企业申请后5个工作日内决定是否受理或提出材料补正要求，并出具书面通知。

（补正 → 返回企业申请）

（不受理 → 省级质量技术监督局向企业发出《行政许可申请不予受理决定书》。）

↓ 受理

企业实地核查

省级质量技术监督局在受理后5日内将材料报送审查机构。审查机构自收到企业申请材料之日起15日内组织实地核查，自受理企业申请之日起30日内，完成对企业的现场核查，发出《企业实地核查结果通知书》。

（不合格 → 申请材料审批）

↓ 合格

产品抽样检验

对企业实地核查合格的，审查组在核查现场时进行抽封样品，企业应在封样后7日内将样品送达指定检验机构，检验机构应在规定的期限内完成检验工作。

（不合格 → 申请材料审批）

↓ 合格

申请材料审核、汇总

审查机构应当自接到检验报告之日起10日内将申请材料报送审查中心。审查中心自收到审查机构上报材料之日起10日内完成对上报材料的复核，报国家质量监督检验检疫总局审批。

（不合格 → 申请材料审批）

↓

申请材料审批

国家质量监督检验检疫总局应当自收到上报材料之日起10日内作出是否准予许可的决定。

↓ 准予

颁发生产许可证书

企业符合发证条件的，国家质量监督检验检疫总局应当在作出决定之日起10日内颁发生产许可证证书。

↓ 不准予

颁发《不予行政许可决定书》

企业不符合发证条件的，国家质量监督检验检疫总局应当在作出决定之日起10日内向企业发出《不予行政许可决定书》。

a）由产品审查机构组织企业实地核查的工作程序

图1　化妆品生产许可工作程序流程图

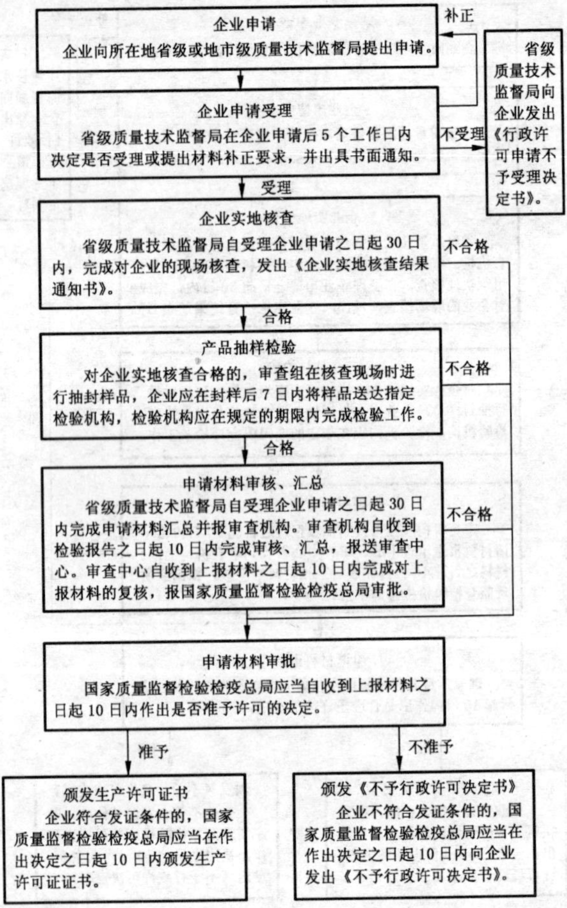

b）由省级质量技术监督局组织企业实地核查的工作程序

续图 1

12. 化妆品生产许可涉及的管理机构有哪些？它们各自的职责是什么？

依据《中华人民共和国工业产品生产许可证管理条例》及其实施办法，国家质量监督检验检疫总局（以下简称国家质检总局）负责全国工业产品生产许可证统一管理工作，对实行生产许可证制度管理的产品，统一产品目录，统一审查要求，统一证书标志，统一监督管理。

国家质检总局内设全国工业产品生产许可证办公室，负责全国工业产品生产许可证管理的日常工作，制定产品发证实施细则，审核工业产品生产许可证产品审查机构，指定承担发证检验任务的产品检验机构，统一管理核查人员资质以及审批发证等工作。

省级质量技术监督局负责本行政区域内的工业产品生产许可证监督和管理工作，根据《中华人民共和国工业产品生产许可证管理条例》和国家质检总局规定，承担部分产品的生产许可证审查发证工作。省级质量技术监督局内设工业产品生产许可证办公室，负责本行政区域内的工业产品生产许可证管理的日常工作。

县级以上地方质量技术监督局负责本行政区域内生产许可证的监督检查工作。

13. 化妆品生产许可管理有哪些规章制度？如何查阅了解这些制度？

化妆品生产许可管理涉及以下规章制度：

- 《中华人民共和国产品质量法》
- 《中华人民共和国行政许可法》
- 《中华人民共和国工业产品生产许可证管理条例》
- 《中华人民共和国工业产品生产许可证管理条例实施办法》
- 《化妆品产品生产许可证换(发)证实施细则》
- 《牙膏产品生产许可实施细则》

目前，化妆品生产许可证主管部门为国家质量监督检验检疫总局；省、自治区、直辖市化妆品生产许可证主管部门为省、自治区、直辖市质量技术监督局；县级以上地方化妆品生产许可证主管部门为县级以上地方质量技术监督局。相关的规章制度可以通过各主管部门的官方网站进行查询，也可以通过电话咨询相关主管部门。国家质量监督检验检疫总局网址：www.aqsiq.gov.cn。

14. 什么是化妆品的GMP？

GMP(good manufacturing practice)即良好生产规范，最早是美国国会为了规范药品生产于

1963年颁布了世界上第一部GMP，由于GMP在规范药品生产、提高药品质量、保证药品安全方面效果非常明显，因此美国食品药品管理局(FDA)于1980年颁布了食品GMP以规范食品的生产。1992年，FDA颁布了化妆品良好生产规范指南(Cosmetic Good Manufacturing Practice Guidelines)以引导化妆品生产企业规范其化妆品的生产，从而保证化妆品的卫生和安全。欧盟为了保证在其境内生产和销售(包括从欧盟境外输入)的化妆品不会对消费者的健康造成伤害，于1976年7月26日颁布了化妆品指令76/768/EEC，在2003年2月27日颁布的该指令第七版中要求生产化妆品的工厂需要符合化妆品良好生产规范(Guideline for Good Manufacture Practice of Cosmetic Products，GMPC)。对于在美国和欧盟市场上销售的化妆品，无论在国内生产还是从国外进口，都必须符合美国联邦化妆品法规或欧盟化妆品指令(即实施GMPC认证和符合相关产品标准)，以确保消费者正常使用后的健康。

化妆品实施GMP是为化妆品生产者服务的，主要应用于产品的生产阶段，包括从原材料的购买到产品包装及销售的过程。这个管理系统的主旨是阻止或消除产品的质量缺陷，在此基础上，鼓励和支持企业建立适合自身的质量管理体系，体系条款里也提供了与制造环境和管理活动有关的内在的质量管理要求，诸如人员、技术和管理等影响产品质量的要素。

在我国，化妆品的 GMP 认证刚刚开始，并以企业自愿为原则申请 GMP 认证；2006 年 11 月，国家食品药品监督管理局颁布了化妆品良好生产规范 GMP（试行）以及审查标准；国家力求通过化妆品 GMP 认证，淘汰大部分不符合规范要求、且无资金改造的生产企业，但要求化妆品企业强制执行 GMP 认证的时间表尚未公布。

15. 化妆品生产企业实施 GMP 认证的意义及其优点是什么？

随着全球贸易的迅速发展，由于各国（地区）化妆品法规、标准的差异而导致的技术性贸易壁垒问题也逐步显现，引起各国政府部门和化妆品企业、销售商的重视。欧盟、美国和日本化妆品协会相继对化妆品的定义、标签标识和原料清单等方面的法规以及实现国际一体化提出要求。

随着近年来我国经济的持续、稳定、高速发展，公众对化妆品品种的需求逐渐增大，直接推动了化妆品产业规模的增大，质量要求不断提高，我国的化妆品进出口贸易也迎来了更大的发展。为适应形势的需要，我国卫生部相继出台了《化妆品卫生规范》（2007 版）、《国际化妆品原料标准中文名称目录》、《化妆品生产企业卫生规范》（2007 版）。国家质量

监督检验检疫总局出台了《化妆品标识管理规定》。上述规定的出台，为规范我国化妆品企业质量管理，提高化妆品质量具有重大的意义。随着国际化妆品贸易的发展，我国许多化妆品企业积极开拓国际市场，其势必要按照国际规则办事，因此，在我国化妆品企业实行 GMP 认证具有更加广泛的现实意义。

化妆品生产企业实施 GMP 认证可以保证产品按照质量标准稳定地进行生产并受控，将化妆品在生产过程中可能会出现的一些不能通过最终的产品检验而消除的相关风险降到最低程度，其重点是确保化妆品生产过程的安全与卫生，防止物理性、化学性、生物性因素污染产品，并对化妆品生产企业在制造、包装、贮存和运输等过程的有关人员配置、厂房施工、设施、设备等设置，以及卫生、制造、质量管理等都有详尽的规定，确保化妆品安全卫生和品质稳定，提高化妆品生产企业科学管理的水平，促进技术进步。

实施 GMP 认证不仅是保证化妆品安全有效的需要，还是法律和国家政权赋予行业的责任，是行业结构的需要；同时也是我国加入世界贸易组织（WTO），实行化妆品质量保证制度的需要。实施化妆品 GMP 认证的主要目的是为了保护消费者的利益，但同时也是为了保护化妆品生产企业和化妆品监督管理部门，使他们有法可依。

16. 行业协会在化妆品行业主要起哪些作用？

化妆品行业协会是化妆品企业和信息交流的中介，由于行业协会特色的中立性地位，其在化妆品产业发展进程中发挥了非常重要的作用，主要表现在加强会员交流、汇总公正意见、获得消费信任、维护共同利益、完善法律规制、推进良好规范、提供优良产品和提升会员价值等很多方面，主要目的是推动化妆品业界的可持续发展，给消费者提供优质安全的产品，进一步促进各国的社会经济进步。

目前，国际上知名的化妆品行业协会可以欧洲化妆品盥洗用品和香料协会(COLIPA)、美国个人护理用品协会(PCPC)以及日本化妆品工业联合会(JCIA)为代表。

17. 化妆品行业有哪些知名的消费者安全保护组织和行动？

广义上说，各国政府或国际重要经济体主管化妆品生产许可、质量安全以及市场准入的部门，如我国的国家食品药品监督管理局(SFDA)、国家质量监督检验检疫总局(AQSIQ)、美国食品药品管理局(FDA)、欧盟健康消费者保护总司(DGSANCO)、日本厚生劳动省(MHLW)等政府机构，都是化妆品行业领域最重要的消费者安全保护组织。

另一方面，目前国际上重要的化妆品行业协会，如中国香精香料化妆品工业协会（CAFFCI）、欧洲化妆品盥洗用品和香料协会（COLIPA）、美国个人护理用品协会（PCPC）以及日本化妆品工业联合会（JCIA）等，因为在化妆品产品制造和安全标准拟定方面所具有的独特重要性，这些机构也成为重要的消费者安全保护组织。

从第三方的角度，“安全化妆品行动”（Campaign for Safe Cosmetics）是目前国际上最知名的保护化妆品消费者安全的公益行动，该行动于2004年启动，旨在通过完善各类法规，杜绝化妆品和个人护理品中危险性化学品以保护广大消费者和化妆品从业者的健康。目前，“安全化妆品行动”得到了“环境工作组”和“地球之友”等100多个国际知名的非营利机构以及超过1300个化妆品企业的支持并共同签署了化妆品安全协议。

“安全化妆品行动”涉及香精香料、儿童卫浴、彩妆、发用化妆品、护肤品、口腔卫生用品、指甲修护品、眼清洁用品以及有机和纳米化妆品等众多化妆品及其相关产品，并有相关知识介绍和综合评述。此外，“安全化妆品行动”还与“环境工作组”合作开发了“识肤知深”（skin deep）化妆品安全网络数据库，这也是目前国际上最权威的第三方化妆品安全信息系统，按照化妆品产品名、成分名和生产企业名称进行化妆品安全检索，可在线得到化妆品产品或配方成分的致敏、致癌等各类毒性数据和危险分值，对化妆品安全消费具有较大的参考价值。广大化妆品消费者可以从“安全化妆品行动”网站（http://www.safecosmetics.org/）上了解更新和更全面的信息，目前该网站的中文版正在制作中。

18. 我国的消费者权益保护机构对化妆品安全可以起到何种作用？

我国负责行使化妆品卫生许可、生产许可、市场准入和质量安全等重要职能的国家食品药品监督管理局（SFDA）、国家质量监督检验检疫总局（AQSIQ）、国家工商行政管理总局（SAIC）以及中国消费者协会（CCA）等部门是我国最主要的化妆品消费者权益保护机构，对维护我国化妆品安全和保障消费者权益具有极其重要的作用，其各自的相关职责如下：

在化妆品安全领域，国家食品药品监督管理局的主要职能为：① 制定化妆品安全监督管理的政策、规划并监督实施，参与起草相关法律法规和部门规章草案。② 负责化妆品卫生许可、卫生监督管理和有关化妆品的审批工作。③ 组织查处化妆品等的研制、生产、流通、使用方面的违法行为。

国家质量监督检验检疫总局主要负责化妆品的生产许可、化妆品质量监督检验、进出口化妆品标签审核和进出口化妆品的风险分析以及化妆品突发质

量安全事件应对等重要工作。

国家工商行政管理总局相关化妆品安全的主要职责有：① 负责市场监督管理和行政执法有关工作，起草有关法律法规草案。② 负责各类企业、农民专业合作社和从事经营活动的单位、个人以及外国（地区）企业常驻代表机构等市场主体的登记注册并监督管理，承担依法查处取缔无照经营的责任。③ 依法规范和维护各类市场经营秩序，监督管理市场交易行为和网络商品交易及有关服务。④ 承担监督管理流通领域商品质量的责任，组织开展有关服务领域消费维权工作，查处假冒伪劣等违法行为，指导消费者咨询、申诉、举报受理、处理和网络体系建设等工作，保护经营者、消费者合法权益。⑤ 承担查处违法直销和传销案件的责任，监督管理直销企业和直销员及其直销活动。⑥ 负责反垄断执法并依法查处不正当竞争、商业贿赂、走私贩私等经济违法行为。⑦ 指导广告业发展，负责广告活动的监督管理工作。⑧ 负责商标注册和管理工作，处理商标争议事宜。

根据《中华人民共和国消费者权益保护法》，中国消费者协会及其指导下的各级协会可在化妆品消费安全领域履行以下七项职能：① 向消费者提供消费信息和咨询服务；② 参与有关行政部门对商品和服务的监督、检查；③ 就有关消费者合法权益的问题，向有关行政部门反映、查询，提出建议；④ 受理消费者的投诉，并对投诉事项进行调查、调解；⑤ 投诉事项涉及商品和服务质量问题的，可以提请鉴定部门鉴定，鉴定部门应当告知鉴定结论；⑥ 就损害消费者合法权益的行为，支持受损害的消费者提起诉讼；⑦ 对损害消费者合法权益的行为，通过大众传媒予以揭露、批评。

19. 化妆品标签上必须标注哪些内容？

根据国家标准 GB 5296.3—2008《消费品使用说明　化妆品通用标签》和国家质量监督检验检疫总局令第 100 号《化妆品标识管理规定》的规定，凡在中华人民共和国境内销售的化妆品必须标注以下内容：(1) 化妆品的名称。化妆品的名称应反映化妆品的真实属性，简明易懂；化妆品的名称应标注在销售包装展示面的显著位置。(2) 生产者的名称和地址。应标注经依法登记注册并承担化妆品质量责任的生产者名称和地址；委托生产或加工化妆品的生产者的名称和地址按国家质量监督检验检疫总局令第 80 号《中华人民共和国工业产品生产许可证管理条例实施办法》规定进行标注；进口化妆品应标注原产国或地区的名称和在中国依法登记注册的代理商或经销商的名称和地址；上述信息应标注在销售包装的可视面上。(3) 净含量。净含量的标注应按国家质量监督检验检疫总局令第 75 号《定量包装商品计量监督管理办法》规定执行；应标注在销售包装

的展示面上。(4) 化妆品成分表。应在化妆品销售包装的可视面上真实地标注化妆品全部成分的名称；成分表应以引导语“成分：”引出；成分名称应按加入量的降序列出，加入量小于和等于1%的成分可以在加入量大于1%的成分后面按任意顺序排列。(5) 保质期。保质期的标注形式有两种：生产日期和保质期；生产批号和限期使用日期。(6) 企业的生产许可证号、卫生许可证号和产品标准编号。(7) 进口非特殊用途化妆品应标注进口化妆品卫生许可备案文号。(8) 特殊用途化妆品应标注特殊用途化妆品批准文号。(9) 实际生产加工地。化妆品实际生产加工地应当按照行政区划至少标注到省级地域。(10) 安全警告用语。凡国家有关法律和法规有要求或根据化妆品特点需要时，应在化妆品销售包装的可视面上标注安全警告用语，并且应以“注意：”或“警告：”等作为引导语。

20. 化妆品命名时有哪些禁用语?

化妆品名称一般应当由商标名、通用名、属性名组成，名称顺序一般为商标名、通用名、属性名。为保证化妆品命名科学、规范，保护消费者权益，国家食品药品监督管理局组织制定了《化妆品命名规定》和《化妆品命名指南》。化妆品命名中禁止使用下列内容：(1) 虚假、夸大和绝对化的词语。虚假性词意如：只添加部分天然产物成分的化妆品却宣称产品

是“纯天然的”;夸大性词意如:适用于在专业店或经专业培训的人员使用的染发类、烫发类、指(趾)甲类等产品的“专业”一词,用于其他产品则属夸大性词意;绝对化词意如:特效、全效、强效、奇效、高效、速效、神效、超强、全面、全方位、最、第一、特级、顶级、冠级、极致、超凡、换肤、去除皱纹等。(2)医疗术语、明示或暗示医疗作用和效果的词语。医疗术语如:处方、药用、药物、医疗、治疗、妊娠纹、各类皮肤病名称、各种疾病名称等;明示或暗示医疗作用和效果的词语如:抗菌、抑菌、除菌、灭菌、防菌、消炎、抗炎、活血、解毒、抗敏、防敏、斑立净、无斑、去疤、生发、毛发再生、止脱、减肥、溶脂、吸脂、瘦身、瘦脸、瘦腿等。(3)医学名人的姓名,如:扁鹊、华佗、张仲景、李时珍等。(4)消费者不易理解的词语及地方方言。一般指与产品特性没有关联的,如:解码、数码、智能、红外线等。(5)庸俗或带有封建迷信色彩的词语,如:鬼、妖精、卦、邪、魂等。(6)已经批准的药品名,如:肤螨灵等。(7)外文字母、汉语拼音、数字、符号等。(8)其他误导消费者的词语,如超范围宣称产品用途等。

21. 我国对化妆品产品广告有哪些相关规定?

广告是化妆品企业产品营销和消费者获得化妆品产品信息的重要途径,我国有关化妆品产品广告

的规定主要有《中华人民共和国广告法》和《化妆品广告管理办法》，以保证广告的真实性和合法性，从而保护消费者权益。

《中华人民共和国广告法》自1995年2月1日起施行，其中第十九条明确规定“化妆品广告的内容必须符合卫生许可的事项，并不得使用医疗用语或者易与药品混淆的用语。”此外，第四十一条还规定了违反广告法第十四条至第十七条、第十九条规定，发布化妆品广告的，由广告监督管理机关责令负有责任的广告主、广告经营者、广告发布者改正或者停止发布，没收广告费用，可以并处广告费用一倍以上五倍以下的罚款，情节严重的，依法停止其广告业务。

《化妆品广告管理办法》是根据《广告管理条例》的相关规定，由国家工商行政管理总局发布并自1993年10月1日起施行的。《化妆品广告管理办法》共有18条，明确规定了化妆品的定义，广告的内容、管理机关、申请发布所需资料以及相关违规处罚条例等，要求化妆品广告内容必须健康、科学、准确，不得以任何形式欺骗和误导消费者，禁止化妆品广告出现下列内容：

(1) 化妆品名称、制法、成分、效果或者性能有虚假夸大的；

(2) 使用他人名义保证或者以暗示方法使人误解其效果的；

(3) 宣传医疗作用或者使用医疗术语的;

(4) 有贬低同类产品内容的;

(5) 使用最新创造、最新发明、纯天然制品、无副作用等绝对化语言的;

(6) 有涉及化妆品性能或者功能、销量等方面数据的;

(7) 违反其他法律、法规规定的。

《中华人民共和国广告法》和《化妆品广告管理办法》在我国化妆品广告管理和消费者权益保护领域发挥了非常重要的作用,但十多年过去,这两个法律文件里的一些内容已不能很好地适应现代化妆品广告管理的迫切需求。目前,新版《中华人民共和国广告法》和《化妆品广告管理办法》均在修订过程中,一些名人代言化妆品和网络产品广告等管理规定将可能纳入修订内容,我国化妆品产品相关广告管理规定也将继续为广大消费者和化妆品企业提供良好的消费权益保障和市场推广服务。

22. 什么是赫尔辛基宣言?什么是医学伦理学?什么是伦理学委员会?

由于化妆品安全评估常涉及各类人体试验,因此,广大化妆品消费者尤其是参与化妆品项目评估的志愿者有必要初步了解一下《赫尔辛基宣言》、医学伦理学和伦理学委员会相关知识。

《赫尔辛基宣言》(Helsinki Declaration)是世界

医协(WMA)于1964年6月在芬兰赫尔辛基第18届全体大会上就使用人体进行医学研究所应遵循的伦理学准则而发布的一个医学伦理学宣言。《赫尔辛基宣言》本质上虽然只是世界医协所倡导的义务而不是具有法律约束作用的国际法规,但《赫尔辛基宣言》是人类历史上医界首次规制自己研究的重要尝试,现已被广泛认同为人类科学研究的伦理学基准文件,故化妆品研发过程中的志愿者评估同样适用此宣言。

医学伦理学(medical ethics)是运用伦理学的理论、方法研究医学领域中人与人、人与社会、人与自然关系的道德问题的一门学问,由于医学本身含有的伦理因素,医学临床实践、医学科学研究和其他医学活动过程中都体现了伦理价值和道德追求,因此,医学伦理学是一门伦理学与医学相互交融的学科。

伦理学委员会是为保护受试者权益经官方依法授权以审核、批准、监督人体医学研究项目的机构,伦理学委员会一般由各国卫生主管部门或药品监督管理机构批准,对相关人体科学、法规和伦理学类研究项目行使监管职能,可审改、批准或废止人体试验相关研究项目,伦理学委员会的成员一般应包括医界和业外的专家,数目可为5名或多于5名的奇数。在化妆品安全性评估领域,伦理学委员会最重要的作用就是通过审批研究方案以最大程度地保证受试者的安全和权益。

23. 化妆品研发需要使用动物试验吗？

质量良好的动物试验数据是进行化妆品人体安全风险评估不可或缺的重要基础，可为政府部门制定化妆品生产管理相关法规以进行产品卫生许可、生产许可和质量监督提供科学依据。为保证化妆品的质量安全和消费者的健康，在相关的化妆品动物替代测试法规如 76/768/EEC 出台前，各国化妆品企业一般均需向各自的化妆品主管部门提供化妆品成分信息和相关的动物试验毒理学测试数据。

同药物开发程序对动物试验数据的要求类似，为开发化妆品新配方及产品，或确证新开发化妆品的安全和功效以进一步增加产品的市场份额，在没有正式验证通过的动物试验替代方法的情形下，化妆品企业产品研发部门常常会使用各类动物试验。

化妆品研发动物试验常用的动物有小鼠、大鼠、家兔和豚鼠等，我国官方目前对化妆品的动物替代试验尚无明确规定，所有对化妆品研发相关动物试验的各项要求均集中体现在卫生部 2007 年 1 月发布的《化妆品卫生规范》第二部分内容里，化妆品原料安全性评价中可能需要使用动物的试验项目分别有急性经口毒性试验、急性经皮毒性试验、皮肤刺激性/腐蚀性试验、急性眼刺激性/腐蚀性试验、皮肤变态反应试验、皮肤光毒性试验、致基因突变试验、亚慢性经口毒性试验、亚慢性经皮毒性试验、致畸试

验、慢性毒性/致癌性结合试验以及毒物代谢及动力学试验等十二种，各类测试的详细信息，请参阅卫生部 2007 版《化妆品卫生规范》。

目前，现代体外试验业已取得长足进步，但鉴于化妆品与人体间各类生物化学作用的复杂性，动物替代方法暂时还难以完全取代所有的动物试验；近来由于国际化学品相关法规如 REACH 等的施行，现有的动物替代方法也无法满足化妆品业界的实际检测需求。因此，动物试验在化妆品研发过程中仍将在今后一段时期内继续发挥积极作用。

24. 什么是动物替代试验？为什么化妆品研发要提倡开展动物替代试验？

动物试验不仅每年消耗大量的动物，给受试动物带来巨大痛苦（如化妆品的急性眼刺激性动物试验就是直接在兔眼上进行试验，会造成家兔的眼睛剧痛和永久失明），给化妆品相关企业的研发增加了巨大的成本，甚至还会对环境和生态造成不良影响。伴随 21 世纪毒理科学和体外测试科技的长足进步，以及国际动物保护和动物伦理福利呼声的日渐增高，在欧盟、日本和美国等化妆品科技发达的国家和地区，传统的动物试验渐渐淡出化妆品研发领域，动物替代试验已开始部分或全部在一些化妆品企业研发部门推行。

动物替代试验就是以细胞、组织、离体器官或人造皮肤等为测试对象，使用体外（*in vitro*）生物物理测试或计算机模拟等各类手段来代替传统的体内（*in vivo*）动物测试进行化妆品成分或产品安全性评价的试验方法。动物替代试验的概念一般具有三个层面上的含义，也就是俗称的 3R 原则，即减少（Reduce）、优化（Refine）和替代（Replace），故广义上对现有动物试验方法的任何受试动物减量、方法优化或方案代替都可认为是动物替代试验方法，狭义的动物替代方法则可理解为已由国际权威的动物替代试验验证机构——欧盟替代方法验证中心（ECVAM）验证通过并提交国际经济合作与发展组织（OECD）发布的标准方法。

要在体外完美复现或精确反映体内复杂的生物化学过程，其科技挑战性无疑是空前巨大的。因此，由动物试验到动物替代试验是个渐进过程，这是符合动物替代科技发展规律的。目前，一些已验证通过的动物试验替代方法仅分布于局部毒性测试和急性测试领域，而慢性毒性和系统毒性领域的动物试验替代方法尚难以在短时间内开发成熟。

根据国际权威的动物替代试验科学杂志ATLA最新统计的数据，包括中国在内的全世界 30 个国家每年共需实验动物 1.15 亿只，其中我国每年约需 1 700 万只，和美国、日本一样，我国已成为世界上实验动物使用量最多的国家之一。因此，在我国提倡开展动物替代试验也具有极其重要的现实意义。

除知名化妆品企业研发中心外，现阶段我国从事动物替代试验技术研究的部门还有食品药品监督管理、军事医学、疾病控制、检验检疫等部门以及一些高校和研究所的相关技术机构。

25. 化妆品研发过程中需要使用志愿者评估么？这些评估一般都有哪些方式？

化妆品最终是施用于人体的，因此，基于对所研发化妆品的原料和产品的质量和安全已有了较充分的了解和良好保障，在符合国际医学伦理学相关协议要求并获得伦理学委员会通过和志愿者知情同意的前提下，化妆品生产企业使用志愿者评估产品质量安全和功效是化妆品研发最重要的手段之一。

志愿者评估几乎涉及化妆品研发全过程，其重要作用可体现在化妆品研发前期相关消费习惯和消费偏好等信息调查、研发中期产品适应性评估及其相应的配方调整或优化、研发后期的功效确证以及消费需求变化等很多方面。

志愿者评估所采取的方式一般有问卷调查、感官测试、仪器测定和使用测试等多种方式，各种方式分别对应于不同的测试目的。例如，对化妆品消费习惯的了解，可采用问卷调查的形式；对消费偏好的了解，可采用感官测试的方式；评估化妆品的适应性，可采取仪器测定的方式；对产品功效的确证，可采用实验室或居家使用测试的方式。事实上，在研究资源足够充分的情况下，化妆品企业往往同时使用上述多种志愿者评估方式得出产品研发所需的多方位信息，以科学指导配方设计，切实保证产品的质量安全和功效，进一步促进产品销售。

志愿者在决定参加化妆品评估项目前，须清楚自己的身体状况并多方了解研究单位的资质和研究项目的背景、志愿者入选和排除标准、试用产品情况以及可能的风险及其应对等相关重要信息。

目前，我国化妆品研发的志愿者评估机构包括一些知名化妆品生产企业、卫生部人体安全性和功效检验机构以及国家化妆品质量监督检验中心等。

二、质量功效篇

26. 人体皮肤的构造是怎样的?它们分别都有哪些生理功能?

人体皮肤的构造在解剖学上可分为:表皮、真皮、皮下组织三部分。详细结构如图 2 所示。

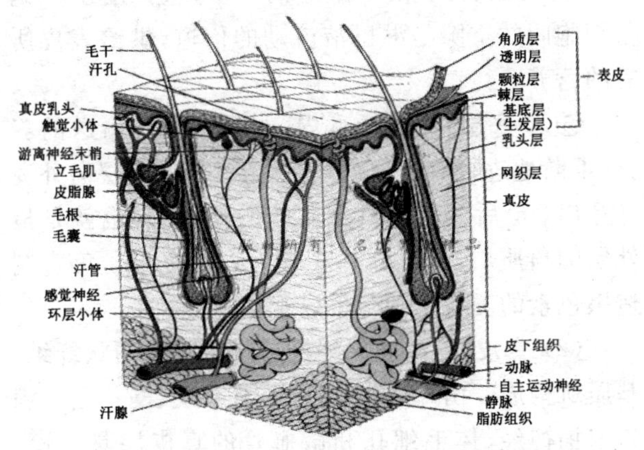

图 2　皮肤组织结构示意图

(1) 表皮层:由复层鳞状上皮细胞组成。由外而内依序为:角质层、透明层、颗粒层、棘层、基底层。表皮层具有保护作用、再生作用和自净功能,能防止体内水分和电解质流失,同时更能阻挡有害物质侵入体内,保护人体不受复杂的生存环境伤害。表皮细胞不断地重复分裂→角质化→再生的功能，如此生生不息，促使新陈代谢的发生。

① 角质层：主要由角质蛋白组成，是颗粒层及细胞膜干燥往上推挤而成。正常的角质层是呈弱酸性的保护膜层，是皮肤的第一道防线。

② 透明层：此层细胞存在于手掌及脚掌。

③ 颗粒层：由扁平状的脂肪细胞构成，含有透明胶质颗粒，能反射光线，防止异物侵入表皮内层。

④ 棘层：为表皮中最厚的一层，这一层中细胞与细胞间的空隙是淋巴液流动的信道，供给表皮所需的营养。

⑤ 基底层：最靠近真皮，能吸收血液输送的养分，不断地进行有丝分列，新细胞成长后逐层向外发展浮出，最后成为不具细胞核的死细胞，也就是最外层的角质层，所以称基底层为表皮之母。负责制造黑色素的麦拉宁细胞也居于这一层。

(2) 真皮层：由胶原纤维、弹性纤维、网状纤维、基质所构成。由外而内依序为：乳头层、网状层。满布末梢神经、体毛细孔和微血管的真皮层具有冷、热、痛、痒的触觉功能，还能调节人体的温度，使其维持在 37 ℃左右。

① 乳头层：广泛分布着微血管及末梢神经，能感受触觉并负责将氧气及养分送达皮肤，同时排泄新陈代谢产生的废物。这一层含有丰富的水分，它与角质层的含水情况影响着皮肤的弹性。

② 网状层:80%由胶原蛋白组成,使皮肤具有弹性和伸展力。

(3) 皮下组织:为一大块呈网状的结合纤维,是皮肤与脂肪组织间的移行层,主要由结缔组织、脂肪细胞及汗腺腺体与毛囊的所在地,其功能是使皮肤展现良好的张力。

(4) 皮肤的附属器官:如指甲、毛发、汗腺、皮脂腺等。主司排泄的汗腺,将人体废物的一部分经由出汗排出体外,每日约有 700 mL～900 mL。主司分泌的皮脂腺,其分泌的皮脂能润泽肌肤并形成保护膜,夏天全身表皮的皮脂分泌量约为 2 g,冬天约为 4 g。

27. 人体毛发的结构是怎样的?

人体毛发由角化的表皮细胞构成,分为长毛、短毛及毳毛。长毛如头发、胡须、阴毛及腋毛等;短毛如眉毛、睫毛、鼻毛及外耳道毛等;毳毛比较细软,色淡,无髓,分布于面部、颈、躯干及四肢等处。

毛发由毛杆、毛根、毛球、毛乳头等组成。毛发露在皮肤外面的部分称为毛杆;在皮肤下处于毛囊内的部分称为毛根;毛根下端膨大而成毛球;毛乳头位于毛球的内向凹入部分,它包含有结缔组织、神经末梢及毛细血管,可向毛发提供生长所需要的营养,并使毛发具有感觉作用。毛球由分裂活跃、代谢旺盛的上皮细胞组成，它的下部与毛乳头相对的部分是毛基质，是毛发及毛囊的生长区，相当于基底层及棘细胞层，其中有黑色素细胞。将毛发沿横截面切开，可以看到，毛发常不是实心的，它的中心为髓质，周围覆盖有皮质，最外面一层为毛表皮，且横截面呈不规则圆形，分为三层：

① 毛表皮

毛表皮为毛发的外层，又称护膜。此护膜虽然很薄，且只占整个毛发的很小比例，但它却具有独特的结构和性能，可以保护毛发不受外界影响，保持毛发乌黑、光泽、柔韧。

② 皮质

皮质也称发质，完全被毛表皮所包围，是毛发的主要组成部分，几乎占毛发总质量的 90%以上，毛发的粗细主要由皮质决定。皮质中的角质蛋白纤维，使毛发有一定的抗拉力。皮质具有吸湿性，对化学药品有较强耐受力，但不耐碱和巯基化物。皮质内所含色素颗粒的大小、多少使毛发具有各种颜色。

③ 髓质

髓质位于皮质的中心，是部分角化的多角形细胞，含有黑色素颗粒。其作用是在几乎不增加毛发自身质量的情况下，提高毛发结构强度和刚性。髓质较多的毛发较硬，但并不是所有的毛发都有髓质，一般细毛如毳毛就不含髓质，毛发末端亦无髓质。

28. 皱纹产生的机制是什么？皱纹在形态学上是怎样分类的？

皱纹是在遗传背景的基础上，又在环境因子特别是日光的参与下，沿着肌肉的运动方向等在身体各部位显示出的特有外观。产生于脸部的皱纹首先被认为是因大笑或皱眉头，随着表情肌的运动而产生的一时性皱纹，如多次反复这种运动，在年龄增加和光老化的作用下皮肤弹性、柔软性随即降低，曾为一时性的皱纹就会固定在皮肤上，无法恢复原有面貌而成为永久性皱纹。像这样的因皮肤弹性、柔软性降低而产生的构造和机能上的变化，在表皮和真皮中均会出现，可以认为比较浅的皱纹是发生在表皮和真皮乳头层等，而比较深的皱纹是真皮相对较强的变化。皱纹的发生归结起来有四个原因：自然老化、地心引力作用、阳光中紫外线照射使皮肤发生光老化与光损伤以及面部表情肌过多的收缩。

有报告显示，从对出现在眼角细纹的定量评价和对表皮水分含量以及皮肤水分蒸发量的分析结果来看，角质层的水分状态与细纹的产生密切相关。另外，自然老化的皮肤，表皮增殖能力降低、萎缩变薄，角质层变厚。随着表皮的变薄，因表皮突起的减少而使其与真皮的分界处平坦化，致使穿过真皮乳头层垂直走向的细弹力纤维减少、消失，真皮上层变得松弛，表皮的柔软性降低，结果在皮肤表面产生出细小的皱纹。

皱纹按形态学可以分为以下三类：

(1) 线形皱纹：从眼角呈放射状走向的沟纹(还被称为乌鸦脚印)或额头上水平走向的沟纹。由自然老化产生，经紫外线照射而被加强、加速。

(2) 图形皱纹：由皱纹的相互交错而形成的三角形或四方形图案的皱纹。被光老化了的皮肤，尤其是颈部、颈背和脸部更明显，可以说是光老化的典型例子。

(3) 波形皱纹：松弛的皮肤形成的细小的皱纹，主要见于高龄者的非紫外线暴露部位(手臂、大腿、腹部等)。这种皱纹是因生理老化而产生，与光老化无关。

29. 皮肤衰老的表现有哪些？是由哪些因素引起的？

人的成长经历幼年期、少年期、青春期、壮年期、老年期，皮肤的状态也随之发生相应的变化。一般讲，24 岁左右是肌肉的转折点，这时的皮肤已经变成弹性纤维了。超过成熟期后，肌肉渐渐地开始萎缩，皮肤的弹性纤维变粗，弹性减弱。到 40 岁～50 岁时皮肤功能开始明显衰退。到了衰老阶段，皮肤纤维组织逐渐退化萎缩，弹性松弛，汗腺、皮脂腺的新陈代谢功能逐渐减退，引起皮肤干燥、松弛，脸部特别是眼角、前额等处首先出现皱纹。

出现皱纹的原因是多方面的：老年人由于皮下脂肪减少，而使皮肤松弛、皮肤变薄、弹性降低，以致引起下垂或皱纹；增龄及长期过度日晒，使真皮中的胶原纤维和弹力纤维变性或断裂，而导致松弛、皱纹；老年人由于内源性雄性激素的分泌降低，皮脂腺和汗腺分泌减少，使皮肤长期得不到润滑和养分，加速了皮肤的老化。此外因消耗性疾病、营养不良、睡眠不足和过度劳累、精神不振，以及化妆品使用不当等都会加速皮肤老化，造成皱纹。

皮肤衰老主要由内在生理因素和外在因素引起：

（1）内在生理因素

① 遗传：这是导致皮肤衰老的根本原因，是由DNA决定的，不同个体在相似的环境中衰老的程度是不一样的。油性皮肤比干性皮肤不容易出现皱纹，衰老相对缓慢。

② 神经-内分泌系统：一般人生理功能在25岁～28岁达到高峰以后，随着年龄的增长逐渐衰退，因此老化是一种自然的生理过程，免疫力的逐渐减弱以及自身免疫现象的出现，是导致机体衰老的因素。生理上的三废[废气（屁）、废水（尿）、废渣（粪）]如不按期排出体外，受细菌作用，腐败产生的物质对人体有害。留在血液中的某些代谢产物也会妨碍机体的代谢功能，从而导致衰老和多种疾病。

③ 真皮的厚度：皮肤真皮厚的人比真皮薄的人

衰老得慢。眼睑部的皮肤较薄，皮肤的衰老往往从这一部位开始。

(2) 外在因素

主要是紫外线照射。有研究人员认为，皮肤老化是由于皮肤中骨胶原聚合引起的。在正常条件下，骨胶原聚合与交联反应进行得很慢，但在紫外光的作用下，反应速度大大加快。因此，根据化学反应活化理论，紫外线照射影响交联和聚合速度是皮肤老化的主要因素。

自由基学说认为：老化是自由基产生和消除发生障碍的结果。正常情况下，生物体内氧自由基的产生与消除处于相对平衡状态，但某些病理因素或紫外线的照射可以增加氧自由基的形成。自由基形成后，它们可以进攻、浸润和损伤皮肤细胞结构，在细胞膜受损部位产生了类脂过氧化物，它引起了一系列的突变过程，最终导致了皮肤老化的加速。

30. 皮肤为什么要保湿？

人体皮肤贮存的水分占全身的18%～20%，其余的水分均匀地分布在肌肉、内脏和血液中。皮肤的水分主要贮存在真皮中，角质层含水量占表皮的20%～35%。角质层的含水量对皮肤的感觉和外观起着决定性作用。当角质层含水量正常充足时，皮肤柔软、光滑、细嫩、富有弹性，给人以青春娇丽的感觉，比如：婴幼儿皮肤中的含水量高达40%，因此婴

幼儿皮肤看起来非常稚嫩、水灵和富有弹性;妇女皮肤含水量比男性高,可达 20%,所以女性皮肤看起来丰满、亮丽;年轻人皮肤含水量比老年人高,老年人皮肤含水量不足 18%,所以老年人皮肤看起来干燥。一般认为要使皮肤光滑、柔润、富有弹性,角质层的含水量应保持在 10%~20%之间。然而由于年龄的增长和内外界环境的影响,皮肤的保湿机构受到损伤,皮肤组织细胞和细胞间的水分含量减少,致使细胞排列紧密,胶原蛋白失水硬化,当角质层中的水分减少到 10%以下时,皮肤首先出现的是干涩的紧绷感,表面会有细小的脱屑,继而会形成细小的皱纹;水分再少则发生龟裂现象。因此,保湿对保护皮肤、减少皮肤损伤很重要。

31. 引起皮肤水分缺失的原因有哪些?

引起皮肤水分缺失的原因主要有以下三种:

(1) 内源性因素,包括:

① 生理性因素。随着年龄的增长,皮肤逐渐老化,皮肤屏障功能下降使水分容易透过皮肤表面丢失;衰老导致新陈代谢迟缓,皮肤天然保湿结构失去平衡使皮肤内天然保湿因子的生成减少,致使皮肤水合能力下降而缺水。

② 天生的干性皮肤。

③ 皮肤病变。由于银屑病、干燥综合征、鱼鳞病等原因,皮肤自身不能产生足够多的保湿物质,使

平衡保湿结构遭到破坏，造成皮肤干燥粗糙，甚至产生皮屑。

（2）环境因素，包括：

① 紫外线照射。伤害皮肤细胞，使皮肤失水，造成皮肤干燥，加速皮肤老化。

② 气候变化。秋冬季节干燥寒冷，环境湿度较低，皮肤表面水分容易丢失。

③ 长时间在空调环境下工作。

（3）生活习惯，包括：

① 日常生活中频繁接触化学物质，如洗衣粉、肥皂、洗洁精等洗涤剂及酒精等有机溶剂。

② 不正确的护肤方式。经常用碱性比较大的清洁剂清洗皮肤，将皮脂也洗净，从而使平衡保湿机构遭到破坏，造成皮肤干燥粗糙。

③ 饮食睡眠习惯，如偏食、饮水少、失眠等。

32. 影响人体皮肤颜色主要有哪些因素？

皮肤的颜色因种族、性别、年龄、职业、生活环境等的不同而各有不同，而且每个人的肤色也因身体部位的不同而有所差异，尤其是种族之间的差别很大，大致分为白色、黄色、黑色三种人。一般来说，男性比女性的色素丰富；老年人比年轻人的色素丰富；手掌和足跟的色素少，而阴部、乳头等部位的色素多。正常的肤色来自氧化血红蛋白、还原血红蛋白、叶红素、类黑色素和黑色素等色素，以及表皮厚度、

光的散射度和皮下血管等。人类的肤色受很多因素影响，如皮肤内各种色素的含量、皮肤表面的反射系数、表皮和真皮的吸收系数、皮肤各层的厚度、吸收紫外线和可见光的物质含量等。皮肤颜色的改变，还可由于药物（如磺胺）、金属（金、银、铋、铊）、异物（如纹身、粉色染物）及其他代谢产物（如胆色素）的沉着而引起，也可能由于皮肤本身病理改变所致，如皮肤异常增厚、变薄、水肿、发炎、浸渍、坏死等变化也会造成皮肤颜色的相应变化，但黑色素和表皮厚度是决定皮肤颜色的主要因素。

(1) 黑色素

黑色素是一种微小颗粒状的黑色色素，常在细胞内。表皮黑色素含量的多少，是决定人的肤色的主要因素。当黑色素增多时，皮肤由浅褐色变为黑色。原本皮肤中黑色素的作用是缓解紫外线对皮肤的损害，紫外线的照射会令黑色素产生变化，生成一种保护皮肤的物质。然而过剩的黑色素合成可导致局部色素沉着，形成色斑、雀斑和肤色不匀等皮肤问题。

(2) 表皮厚度

表皮厚薄主要是皮肤的厚薄，特别是角质层和颗粒层的厚薄。就表皮厚度而言，通常是表皮越薄，越有透明感，能较多地透过血液色素，从而使皮肤现出红色。当表皮较厚时，透明度降低，由于角质层中的叶红素的缘故，使皮肤呈黄色。

33. 你了解防晒化妆品的标识吗？SPF 和 PA 分别代表什么？

市售的防晒化妆品一般都标有 SPF 和 PA 符号，或者标有“广谱防晒”等。

SPF 值，即日光防护系数(sun protection factor)，是指防晒化妆品对防护皮肤免受中波紫外线(UVB)伤害的有效数值。SPF 值越大，防晒作用越强。SPF 值是通过人体试验的方法得到的，在受试者的背部选取一块未涂抹任何防晒品的皮肤，使用人工模拟太阳仪进行照射，假设 2 min 被晒红(最轻微的红斑)，而当使用了防晒化妆品之后，如果防晒化妆品不被洗掉或不被汗水冲去，在与之前相同的日光条件下，要晒 30 min 才会产生相同程度的轻微红斑，则该防晒化妆品的 SPF 值为 15。

PFA 值，即长波紫外线(UVA)防护指数(protection factor of UVA)。此系数也是通过人体试验的方法得到的，并由 PA 标识其防护等级，其换算方法为：$2\leqslant PFA<4$ 是 PA＋，$4\leqslant PFA<8$ 是 PA＋＋，$PFA\geqslant 8$ 是 PA＋＋＋。如果我们购买一款标识为 PA＋＋的防晒产品，在未涂抹任何抗 UVA 防晒产品时，假设皮肤需要 2 min 被晒黑，则涂抹上 PA＋＋的防晒产品后在 7×2 min 的时间内暴露在阳光下不会被晒黑。

广谱防晒标识：有些防晒产品只标有 SPF 值，

没有标识 PA 但却标有“广谱防晒”字样，这是利用抗 UVA 能力仪器方法，来测定临界波长值(λ_c)，其波长范围为 290 nm～400 nm，若 $\lambda_c \geqslant 370$ nm，则可标识为“广谱防晒”。

此外，具有防水效果的防晒产品除标识防晒指数外，通常还在标签上标识“防水防汗”、“适合游泳等户外活动”。从防晒化妆品发展的历史看来，防晒产品具备抗水抗汗功能是一项经典的属性。由于防晒化妆品尤其是高 SPF 值产品通常在夏季户外运动中使用，季节和使用环境的特点要求防晒产品具有抗水抗汗性能，即在汗水的浸洗下或游泳情况下仍能保持一定的防晒效果。此类产品分为一般抗水性和优越抗水性，宣称具有一般抗水性的防晒产品，所标识的 SPF 值应当是该产品经过 40 min 的抗水性试验后测定的 SPF 值；宣称具有优越抗水性的防晒产品，所标识的 SPF 值应当是该产品经过 80 min 的抗水性试验后测定的 SPF 值。

有的消费者认为，只要使用了标识有 SPF 及 PA 的防晒化妆品，并在规定的时间内暴露于阳光下，就可以阻隔所有波段的紫外线，其实不然，这么做也只有 97%的紫外线被阻挡。我们建议您，特别是在夏季，除了涂抹防晒产品还需要穿衣、打伞，并避开最强阳光时段出行，这样才可以避免过量紫外线照射造成的伤害。

34. 人体皮肤的类型有哪些？

人体皮肤按其皮脂腺的分泌状况，一般可分为四种类型，即：中性皮肤、干性皮肤、油性皮肤和混合性皮肤。但在实际生活中，敏感性皮肤、痤疮性皮肤也是常见的。各类皮肤具有各自不同的特点。

（1）中性皮肤，是健康理想的皮肤，多见于青春发育期前的少女。皮脂分泌量适中，皮肤既不干也不油，皮肤红润细腻，富有弹性。皮肤纹理不粗不细，毛孔较小，厚薄适中，对外界刺激不敏感。皮肤的 pH 值为 5～5.6。

（2）干性皮肤，皮肤白皙，毛孔细小而不明显。皮脂分泌量少，皮肤比较干燥，容易生细小皱纹。毛细血管表浅，易破裂，对外界刺激比较敏感，易生红斑。干性皮肤可分为缺水和缺油两种，缺水干性皮肤多见于 35 岁以上的人，缺油干性皮肤多见于年轻人。干性皮肤的 pH 值为 4.5～5。

（3）油性皮肤，肤色较深，毛孔粗大，皮纹较粗，皮脂分泌量多，皮肤油腻光亮，不容易起皱纹，对外界刺激不敏感。由于皮脂分泌过多，容易生粉刺、痤疮，常见于青春发育期年轻人。油性皮肤的 pH 值为 5.6～6.6。

（4）混合性皮肤，兼有油性皮肤和干性皮肤的特征。在面部 T 型区（前额、鼻、口周、下巴）呈油性状态，眼部及两颊呈干性状态。混合性皮肤多见于

25岁～35岁的年轻人。

(5) 敏感性皮肤，可见于上述各种皮肤，其皮肤较薄，对外界刺激很敏感。当受到外界刺激时，会出现局部微红、红肿、高于皮肤的疱、块及刺痒等症状。

(6) 痤疮性皮肤，多见于青春期，一般30岁～35岁以后大部分人可以自愈。表现为皮肤油腻，毛孔粗大，易出现黑头、白头及痤疮。黑头是由于皮脂腺分泌过多，不能及时排出，皮脂积于毛囊内，毛囊口处的皮脂与灰尘及角化死细胞混合，凝成小脂栓，堵塞毛孔，形成黑头粉刺；白头是由于皮脂积于毛囊内与角化细胞混合形成硬块，产生白头粉刺；痤疮是由于皮脂堵塞毛孔，导致皮肤内缺氧，皮脂中含有大量的营养，使痤疮杆菌大量繁殖，堵塞毛囊，使毛囊发炎，形成痤疮。

在此提示大家：人类皮肤的类型并不是一成不变的，它可随年龄、性别、环境因素、疾病等因素而变化。

35. 如何判断自己的皮肤属于哪种类型？

(1) 干性皮肤的判断方法有以下几种：① 洗面奶洗脸后皮肤紧绷感消失所需时间大于40 min；② 化妆2 h～3 h后皮肤出现脱屑；③ 外界环境干燥时，不使用任何产品，皮肤感觉紧绷干燥甚至刺痛；④ 晨起用手轻摸鼻翼两侧，干燥紧绷；⑤ 毛孔无明显可见；⑥ 不使用保湿产品，皮肤总会感觉干燥；⑦ 用过保湿产品后 2 h～3 h，两颊干燥粗糙、脱屑晦暗；⑧ 纸巾依次轻压鼻翼两侧、额、颊部，无油光，透明点每平方厘米内少于 2 点。

（2）中性皮肤的判断方法有以下几种：① 洗面奶洗脸后皮肤紧绷感消失所需时间约 30 min；② 化妆 2 h～3 h 后皮肤光滑、不脱屑；③ 外界环境干燥时，不使用任何产品，皮肤感觉正常；④ 晨起用手轻摸鼻翼两侧，润滑而不油腻；⑤ 毛孔无可见或 T 区少量；⑥ 不使用保湿产品，皮肤很少觉得干燥；⑦ 用过保湿产品后 2 h～3 h，两颊光滑洁净；⑧ 纸巾依次轻压鼻翼两侧、额、颊部，有油光，透明点每平方厘米内多于 2 点，少于 5 点。

（3）油性皮肤的判断方法有以下几种：① 洗面奶洗脸后皮肤紧绷感消失所需时间小于 20 min；② 化妆2 h～3 h 后皮肤闪亮泛光，有“脱妆”、“花妆”现象；③ 外界环境干燥时，不使用任何产品，皮肤感觉闪亮泛光；④ 晨起用手轻摸鼻翼两侧，有油腻感；⑤ 毛孔很多，明显；⑥ 不使用保湿产品，皮肤从不感觉干燥；⑦ 用过保湿产品后 2 h～3 h，两颊细腻；⑧ 纸巾依次轻压鼻翼两侧、额、颊部，满是油光，透明点每平方厘米内多于 5 点。

（4）混合性皮肤有多种，判断方法分别为：① A 型混合性皮肤：只有整个鼻部为油性，其他部位为干性皮肤；② T 型混合性皮肤：只有鼻部和额部为油性，其他部位为干性皮肤；③ O 型混合性皮

肤:鼻部、额部和颧骨部位均为油性,只有腮部为干性皮肤。

36. 什么是特殊用途化妆品?

根据我国卫生部颁布的《化妆品卫生监督条例实施细则》中第56条规定,特殊用途化妆品是指用于育发、染发、烫发、脱毛、美乳、健美、除臭、祛斑、防晒的化妆品,共有九类。生产或进口特殊用途化妆品,必须经国务院卫生行政部门批准,取得批准文号后方可生产或进口。

(1) 育发化妆品。育发化妆品有助于毛发生长,减少脱发和断发。多以中草药复配,如生姜、辣椒、川椒、侧柏、羌活、首乌等,以乙醇或溶剂提取而得。另还有选用美国药典中允许使用的敏乐啶与中草药复配而成。可通过刺激局部血液循环、营养毛囊而起到一定的促进毛发生长的作用。育发化妆品有较大刺激性,过敏体质者慎用。

(2) 染发化妆品。染发化妆品可分为永久性染发剂和暂时性染发剂。永久性染发剂采用苯胺类(氧化型)染料,通过氧化还原反应将染料固着在毛发上,从而改变毛发的颜色,不易褪色。永久性染发剂具有较强过敏性和一定毒性,尤其对眼睛有更强的伤害力。暂时性染发剂以植物、矿物性染料(指甲花、红花、醋酸铅、铜盐、铁盐)为原料,暂时性地改变头发的颜色,需要经常使用。

(3) 烫发化妆品。烫发化妆品能够改变头发弯曲度，并维持相对稳定的美化作用，可分为烫发剂和直发剂。烫发剂通过巯基乙酸胺使毛发蛋白质的氢键、盐键、二巯键处于被切断状态，用发夹和发卷将头发固定成一定的形状，再用氧化剂修复二巯键和盐键，使头发有持久性的波浪。直发剂的原理与之相同。

(4) 脱毛化妆品。脱毛化妆品利用对角朊有溶解作用的化学物质使人体腋下、腿上或其他部位的毛发在较短时间内软化脱除，以减少或消除体毛。脱毛化妆品多以碱土金属的硫化物或巯基乙酸盐为原料。碱土金属硫化物、巯基乙酸盐对皮肤均有强刺激性，应控制使用时间，且不能用于面部脱毛。

(5) 美乳化妆品。美乳化妆品多以中草药(当归、甘草、益母草、蜂王浆、啤酒花、女贞子、紫河车、青蛙卵巢等)复配，给胸部结缔组织适度的刺激，帮助弹性纤维回复原状，能增加乳房中的脂肪，适量地诱发和催动腺体内分泌，以达到美乳效果。

(6) 健美化妆品。健美化妆品(我国早期指“减肥产品”)以中草药(大黄、人参、田七、月苋草油、薄荷等)制成，中草药经过皮肤吸收后可促进体内的脂肪代谢，使多余的脂肪排出体外，并抑制体内脂肪的合成，使体形健美。

(7) 除臭化妆品。除臭化妆品能抑制大汗腺的分泌，具有抑菌、收敛作用，用于消除腋臭。除臭化

妆品的原料可分为两类：一类为乌洛托品、对羟基苯磺酸锌、硫酸铝、氯化铝等化合物，另一类为广木香、丁香、霍香、蛇麻子、荆济等中草药。

(8) 祛斑化妆品。祛斑化妆品由中草药(白芨、白术、白僵蚕、白茯苓、白瓜籽、当归、薏米)配合维生素 C、维生素 E、胎盘、超氧化物歧化酶(SOD)等制成，也有用曲酸生产祛斑类产品，依据黑色素的生化形成原因阻碍黑色素形成，减轻皮肤表皮色素沉着，以达到祛除色斑的效果。

(9) 防晒化妆品。防晒化妆品具有物理性屏蔽或化学性吸收紫外线作用，可减轻日晒引起的皮肤损伤，有效成分为紫外线吸收剂和紫外线散乱剂。

37. 什么是功能性化妆品?

功能性化妆品一词，最早是由美国皮肤学家 Albert Kligman 教授在 20 世纪 70 年代提出的，其产生的基础是人们在皮肤生理学方面的许多新认识和对能改变皮肤结构和功能的新物质的发现。功能性化妆品的英文是 cosmeceuticals，由 cosmetics 的字头 cosme 加上 pharmaceuticals 的字尾 ceuticals 构成，亦称保健化妆品，是指含有一种或一种以上的生物活性成分的化妆用品，有时也称 quasi，意思是介于化妆品(cosmetics)和药物(drugs)之间，近几年功能性化妆品在国际上有了一些准确的近义词，如“皮肤药物”、“活性化妆品”等。由于功能性化妆品具有预防与治疗双重功效，其中的活性功效成分能满足当前消费者的需求，广受欢迎，近年来发展迅速。随着化妆品的细分，消费者对功能性化妆品的功能诉求越来越多。

各国对功能性化妆品的管理政策不同：美国食品药品管理局（FDA）没有将功能性化妆品定义为独立类别，但是该术语已经被派生出来，并且被化妆品制造厂商用于描述化妆品和药品组合的一类产品，其市场管理纳入非处方药品（OTC）系列；日本专门为此类产品设立了新的类别“医药部外品”，实行专管；韩国在功能性化妆品的定义中又指明了四种具有特殊功能的化妆品，即美白、抗皱、防晒、护肤。

我国 1989 年在《化妆品卫生监督条例》里定义了“特殊用途化妆品”这一概念，实际上就是功能性化妆品，是指用于育发、染发、烫发、脱毛、美乳、健美、除臭、祛斑和防晒的九大类化妆品；终产品上市销售前要经过卫生部审定的健康相关产品检测机构出具安全性与功效性的检验数据，数据合格后经化妆品评审委员会[1]审评通过方可上市，批准的文号

---

1) 卫生部设立健康相关产品评审委员会（简称评审委员会），承担相应的健康相关产品（包括食品、化妆品、涉及饮用水卫生安全产品、消毒药剂和消毒器械等与人体健康相关的产品）的技术审评工作。化妆品评审是其中的一部分。

为：国妆特字G××××××××××，或国妆特进字J×××××××××。特殊用途化妆品其相比普通用途的化妆品，其审批程序更为严格，所需时间更长，因此其准入标准要高于普通用途的化妆品。

38. 什么是保湿功效性化妆品？

为达到保持皮肤水分的目的，模拟人体皮肤中由油、水、天然保湿因子组成的天然保湿系统，起到延缓水分流失、增加真皮-表皮水分渗透、维持皮肤弹性及正常的屏障功能、减少损伤、促进修复过程作用的一类化妆品，被称为保湿功效性化妆品。一般来讲，凡是有保湿成分，能增加皮肤水分、湿度的就是保湿功效性化妆品。这类化妆品还有抗炎、抗细胞分裂和止痒作用，它既可以用于健康皮肤，防止皮肤病的发生，也可以用于皮肤病的治疗。

39. 什么是儿童用化妆品及护理品？为什么儿童要使用专用的化妆品及护理品？

儿童用化妆品及护理品，顾名思义就是专门针对儿童这个特定人群进行设计的化妆品及护理品。随着人们生活质量的不断提高以及对化妆品认识的逐渐深入，儿童用化妆品及护理品市场日趋兴旺，品种也越来越多。根据儿童的需要，目前市售的儿童用化妆品及护理品主要有以下几个种类：

① 清洁类：主要以清洁皮肤、头发为目的，如洗

发水、沐浴露。

② 舒缓滋润:以舒缓皮肤、改善皮肤干燥为目的,如按摩霜、保湿霜。

③ 预防和缓解某些皮肤损害:如痱子、尿布疹、湿疹等都是婴幼儿常见的皮肤损害,而药物在婴幼儿中的应用受到很大限制,因此儿童用化妆品及护理品中有许多是针对这些皮肤损害的,如痱子粉、护臀霜、湿疹膏等。

儿童的皮肤结构及代谢特点与成人不尽相同,皮肤相对较为薄嫩,易受刺激,而新陈代谢较快。加之儿童处于生长发育时期,化妆品中的成分可经皮吸收,对儿童的生长发育造成影响。因此,儿童用化妆品及护理品必须无毒无害,对眼睛、皮肤无刺激性,即要求高安全性和低刺激性。这就要求儿童用化妆品及护理品的生产企业必须采用更加安全可靠的原料,采用更加先进的制造工艺以及更加严格的质量检验。

正是基于儿童皮肤特点和生长发育的特殊性,及其对化妆品及护理品的需求不同,儿童应该选择专用的化妆品及护理品,以达到预期的效果,并保证儿童的安全和健康。

40. 牙膏和漱口水是化妆品吗?

国家标准 GB 5296.3—2008《消费品使用说明 化妆品通用标签》中化妆品的定义为:以涂抹、洒、

喷或其他类似方式，施于人体表面任何部位（皮肤、毛发、指甲、口唇等），以达到清洁、芳香、改变外观、修正人体气味、保养、保持良好状态目的的产品。在此定义中，只说了口唇，没有提到牙齿，所以牙膏、漱口水在 GB 5296.3—2008 中不属于化妆品范围。

国家质量监督检验检疫总局令第 100 号《化妆品标识管理规定》于 2008 年 9 月 1 日起施行，该规定扩大了化妆品的定义范围，将化妆品定义为：以涂抹、喷、洒或者其他类似方式，施于人体（皮肤、毛发、指趾甲、口唇齿等），以达到清洁、保养、美化、修饰和改变外观，或者修正人体气味，保持良好状态为目的的产品。按《化妆品标识管理规定》对化妆品的定义来看，牙膏和漱口水属于化妆品范畴。但是目前我国的化妆品生产企业和牙膏生产企业是分别按照不同的规定（《化妆品产品生产许可证换（发）证实施细则》和《牙膏产品生产许可实施细则》）获得生产许可的，而国家对漱口水还未实行生产许可制度。

41. 哪些天然产物具有皮肤美白作用？其各自的美白机理是什么？

拥有白皙嫩滑的皮肤一向为亚洲女性所崇尚，在西方白皙还曾被认为象征财富和尊贵，因此，美白产品在亚洲及世界化妆品市场均有很大的需求，目前几乎所有的知名化妆品企业都有自己的美白化妆品系列。

基于源自天然、相对安全等因素以及传统文化的影响，天然产物对皮肤美白的作用现在受到了一些知名化妆品研发企业和广大化妆品消费者的普遍关注和重视，具有美容美白功效的含天然产物或植物类中药成分的美白化妆品在市场上很受欢迎。

肤色是皮肤色素和毛细血流以及生理状态和环境光照等很多因素的综合表现，从细胞和分子层面来说，皮肤黑素细胞的生成和黑素细胞含量多少与肤色密切相关，由于人体内的酪氨酸酶的活性大小是黑素细胞生成过程中至为关键的影响因素，故基于是否抑制酪氨酸酶活性，可将含天然产物或植物类中药成分的美白化妆品的作用机理简单地分为两大类。

首先是通过抑制酪氨酸酶活性而达到阻止黑素生成目的的美白化妆品，这类产品中的天然产物有含熊果苷类化合物的加里福利亚娑罗果、含曲酸类化合物的曲霉菌或青霉菌、含龙胆酸的龙胆根、含羟基肉桂酸类化合物的人参叶和红花籽、含黄酮类化合物的单宁、含芦荟苦素的芦荟、含没食子酸的五倍子和绿茶、含原花青素类化合物的葡萄和苹果、含羟基芪类化合物的桑枝、含鞣花酸的草莓和石榴以及含欧前胡素类化合物的白芷等。

其次是通过非抑制酪氨酸酶活性而达到阻止黑素生成目的的美白化妆品，这类产品中的天然产物有具α-促黑素阻断功能的含槐属二氢黄酮G的植

物、含荜茇宁的长胡椒、含黑素转移抑制剂的大豆提取物和烟酰胺、含矢车菊黄素的蓍草以及含细胞因子抑制剂的独行菜提取物等。

最后需强调的是，由于具有美白作用的天然产物或植物类中药成分数目可能非常多，美白机理复杂，消费者在选购时应首先关注该类产品的安全性。

42. 什么是纳米化妆品？使用纳米化妆品可能有哪些好处？

纳米也称毫微米，是个长度计量单位，代表十亿分之一米或百万分之一毫米，约是头发丝直径的数万分之一。在物理学和生物学等领域，纳米尺度量级具有特殊重要的意义，很多纳米尺度的材料已被无数事实证明具有一些与常规尺度材料性能显著不同或甚为优异的特性。因此，20 世纪 80 年代以来，纳米科技在理论和应用领域里都得到了飞速发展，纳米科技成为 21 世纪的前沿科技，蕴育现代科技革命和工业革命的契机。

化妆品里的纳米物质可分为可溶和(或)可生物降解的纳米物质(如含脂质体和类脂质体的纳米泡囊、纳米乳剂、纳米球和纳米胶囊等)以及不溶或生物永驻型的纳米物质(如纳米二氧化钛等矿物质以及富勒烯和量子点等)两大类别，但前类纳米物质因先天不稳定以及存在状态易受溶液相互作用影响等，故是否真正为纳米物质，现在化妆品科学界还在争议中。

纳米化妆品目前尚是一个通俗和笼统的称呼，业界并无明确一致的科学定义或法律定义，但现在一般认为真正意义上的纳米化妆品应不仅含有纳米物质且应具有较之不含纳米物质的化妆品更为优良的性能。

从理论上讲，纳米化妆品有助于更加有效地发挥化妆品的护肤效能，促进人体皮肤对化妆品的吸收，克服某些传统化妆品通透性差和肤感不良等缺点，改善化妆品的透明度和质地，这是使用纳米化妆品最明显的益处。

43. 纳米防晒化妆品安全么？

纳米物质由于其超微的物理尺寸和独特的生物效应，所以一般认为其先天容易通过吸入、摄食、人体皮肤吸收、结合膜和黏膜吸收等途径侵害人体安全，很多动物试验和一些体外试验的结果也揭示纳米物质可能对人体健康和安全具有危害，故纳米物质的安全性一直是消费者极为关注和业界激烈研讨的复杂问题。

到目前为止，纳米技术在防晒类化妆品研发领域的应用最广也最成功。纳米级的二氧化钛和纳米氧化锌等化妆品原料，由于表现出比常规尺度的二氧化钛和氧化锌更为优良的日光紫外线吸收性能和

人体皮肤适应性能，故已开发为各自相应的纳米防晒化妆品，市场上尤以纳米二氧化钛类防晒产品最为普遍。

为保障化妆品消费安全，促进研发技术进步，维护品牌声誉和效益，在政府和化妆品业界等的资助下，世界各国科学家针对纳米防晒化妆品的安全性都做了大量的研究，经过较广范围内的多轮研讨，也暂时有了一些阶段性的结果，可以欧莱雅公司研发中心的科学家的研究结论为代表给消费者简要介绍如下：

纳米防晒化妆品内有不溶性的纳米二氧化钛或氧化锌，现有大多理论或试验数据揭示这些纳米物质不会透过正常皮肤，经口和经皮毒理试验数据也说明这些纳米物质的系统毒性都较低且具有很好的皮肤相容性，至于体外细胞毒性、遗传毒性和光遗传毒性以及细胞氧化受损的报道则可能缘自哺乳动物细胞对不溶性高浓度纳米粒子的内吞作用，目前很少有证据能表明比微米还小的粒子具有对皮肤或其他人体组织更大的效应，故目前所有的证据均表明这些纳米化妆品里的纳米二氧化钛和氧化锌对人体皮肤和人体健康不具有危害和威胁。

但是，考虑到纳米防晒化妆产品配方和作用机制的复杂性、消费者皮肤特性的个体差异、皮肤屏障功能因曝晒受损或皮肤罹病情形、纳米有证参考物质的缺乏以及纳米物质易团聚和本身的粒度以及结构的不均匀性等因素，基于物质安全评价先天的技术难度和现有的技术水平，上述研究结论仅供消费者阅读参考，不代表作者支持纳米防晒化妆品一定安全或一定不安全的结论。

44. 男士也需使用化妆和美容用品么？现在都有哪些男士化妆和美容用品？

人天性尚美，经济繁荣形势下人们的消费观念在不断进化，紧跟时尚潮流或受各类明星影响，很多男士也在不断追求形象漂亮、风度优雅、体态健美和个性张扬，市场上适合男士使用的化妆和美容用品也渐渐流行起来。根据欧睿国际的权威数据，2009年全球男士化妆或美容用品市场已达266亿美元规模，其中我国为40亿元人民币规模，宝洁、联合利华和欧莱雅分别以24.9%、22.7%和11.3%占我国男士化妆和美容用品市场企业份额的前三名，清扬、吉列和巴黎欧莱雅分别以22.3%、15%和7.4%的比率占我国男士化妆和美容用品品牌份额前三名。

一般男性普遍比女性具有相对更大的皮肤面积、更少的身体脂肪、更多的体毛、更多的红细胞和更深的肤色，从皮肤生理学上看，男性和女性在皮肤厚度、皮脂腺、汗腺等很多方面有较大的差异。

皮肤厚度是影响皮肤弹性和延展性以及屏障功能的重要因素，男性皮肤厚度一般大于女性皮肤，有

报道平均厚度约是女性的1.2倍，且女性在50岁之前皮肤厚度几乎没变化，而男性则在20岁后就开始线性下降，即皮肤变薄的速度比女性要快。

男性皮肤一般比女性皮肤具有更旺盛的皮脂腺分泌能力和相对更大的毛孔，男性皮肤皮脂的分泌甚至可达女性的4倍以上。通常，皮脂分泌过于旺盛会造成毛孔粗大和痤疮等难看的面部特征。

男性比女性汗腺发达，有研究表明运动时男性的出汗速率可达女性的1.3倍以上，且随年岁增长，男性开始出汗的体温显著增高而出汗能力显著降低，女性表现更为显著。

此外，男性和女性体内的激素种类和作用都不相同，性激素的失调有可能会造成男性的脱发和女性的多毛症等。再者，男性和女性皮肤的微循环和神经系统表现也不一样，造成男性和女性皮肤颜色和感知的不同，女性一般皮肤更为透亮且对痛觉和冷更为敏感。

由于现实中男性较女性会更多地从事日光曝晒、长期户外、采油挖矿、轮值夜班和电脑作业等相关工作，故皮肤更有可能因为年龄增长、工作压力、环境和心理变化以及人体生物钟颠倒等出现各类问题。现代研究表明在紫外线和心理压力抑制免疫综合作用下，男性罹患鳞状细胞癌和黑色素瘤的比率都是女性的2倍，故男性皮肤似乎比女性皮肤更需要呵护。

目前男士化妆和美容用品有很多种，除常见的香水类产品外，有抑汗和消除或遮盖体臭类产品，皮肤清洁护理类产品，抗头屑和各色染发剂、发胶和定型剂等发用产品，消除或遮盖黑眼圈眼袋类产品，防晒和运动系列产品，剃须前和剃须后面部护理产品以及纹身类产品等。

45. 别人使用效果不错的化妆品，是不是自己使用也一定就好？

化妆品是融合了化学、医学、美学和消费心理学等多种因素的复合产品，由于现代化妆品的生产和供应尚远远不能达到按消费者个人皮肤特点和需求定制的程度，故消费者选购化妆品的信息来源往往大多是商家的广告宣传和名人代言等，消费者参考亲朋好友或别人的使用体验来购买自用化妆品的方式也很常见。

但现实中经常有消费者反映，别人使用感觉很好的产品，往往自己同样使用却没有出现预期的良好效果，甚至还出现色素沉着和皮肤过敏等不良反应，这给消费者的生活和工作都带来了较大的困扰和健康风险。

由于人类个体生物差异的先天存在，以及其他非生物因素的影响，每个消费者的皮肤与化妆品的相互作用以及化妆品的体内代谢特征都可能是不相同的；即便消费者的皮肤类型经过权威医院的专业

皮肤科大夫鉴定，所用化妆品在出厂前也都经过了人体功效测试，但执业医师的检验和检查结论仍可能存在主观偏差，人体试验数据也可能因是在有限样本和测试质量控制不够良好的情形下得到的而有失客观；再考虑到各消费者生活和使用习惯的不同，使用期间的心理和生理状态的变化，以及环境因素等的影响，故同样的化妆品产品用于每个消费者个体的效用表现是很难完全相同的。因此，对消费者而言，别人使用效果不错的化妆品，并不一定自己使用就一定好。

选用化妆品的黄金规则还是基于消费者对自身生理状态的良好把握，以及对化妆品相关知识的全面了解。对消费者而言，最适合自己皮肤和毛发特质的化妆品就是最好的化妆品。选择化妆品还是应该首先注意化妆品的安全性和适应性，不要盲目追求高价、高端产品，也不要盲目参照别人的使用体验。随着化妆品科技的进步，在未来给消费者个人定制产品也许会轻松实现，那将是再好不过的事。

46. 市场上的功效型牙膏有哪些？

市场上的功效型牙膏主要为防治龋齿和牙周组织疾病而研制的，主要有以下几种功能：

(1) 防治龋齿功能。防龋牙膏的主要作用为：① 加入氟化物如单氟磷酸钠、氟化钠，增强牙齿的耐酸性；② 杀灭龋齿病原菌，主要是链球菌，一般使用广谱抗菌性的葡萄糖氯己二烯和氯化十六烷基吡啶及双联胍系杀菌剂;③ 加入葡聚糖酶,将葡聚糖分解、阻止葡聚糖合成等。

(2) 防治牙周炎功能。这类牙膏加入的药物可分为抑制牙垢的杀菌剂和广义的消炎剂,后者包括收敛剂(尿囊素铝、乳酸铝、单宁酸及其衍生物和氯化镁等)、抗纤维蛋白溶酶剂(ε-氯基己酸、止血环酸等)、血液循环促进剂(维生素 E 及其烟酸酯等)及抗炎剂(二氢胆固醇等)。

(3) 防口臭功能。口臭的原因是口腔中的细菌使蛋白质和肽分解,产生硫化氢、甲硫醇、甲硫醚等挥发性硫化物;有机酸和氮化物也是引起口臭的成分。这类牙膏中加入了有收敛性的防臭剂(如磺基石灰酸锌、柠檬酸、铝化合物等)及杀菌性除臭剂(如四基秋兰姆二硫、氯代烃基二甲基苯甲胺、3-三氟甲基-4,4′-二氯碳酰替苯胺等)。

(4) 除牙垢功能。一般在牙膏中加入植酸及其盐即有较好的除烟垢效果。

(5) 防牙本质过敏症功能。牙本质过敏症是指牙齿遇冷、热、酸、甜和机械刺激即感酸痛。治疗这种牙病的牙膏在配方中可加入脱敏药物,如氯化钠、甲醛、氯化锌、硝酸银和氯化锶等。

47. 育发类化妆品适用于所有脱发吗?

育发化妆品是指有助于毛发生长,并能减少脱

发和断发的化妆品，又称生发化妆品。脱发是指头发脱落超过了头发正常代谢的生理程度，或由于某种原因引起头发部分甚至全部脱落。导致脱发的原因很多，常与遗传、内分泌、精神、心理、损伤及某些疾病、药物等诸多因素有关。多数育发类化妆品主要适用于脂溢性脱发、斑秃以及生理性脱发等。防治脱发，必须查明原因，对症治疗。使用育发类化妆品只是其中的一种辅助方法。

三、监督检验篇

48. 政府监管部门如何对化妆品产品质量进行监督检验?

我国政府对化妆品行业的监管主要采取有关部门联合管理的模式,化妆品质量安全由卫生行政、质量监督、工商行政管理和食品药品监督管理部门依据国务院赋予其的行政职能履行相应的职责,共同监管并承担责任。国家质量监督检验检疫总局主要负责化妆品产品生产许可证的发放和监督管理。我国现行的生产许可制度、强制检验制度、标签标识管理制度、监督检查制度的有效推行,对规范化妆品行业生产行为、科学调整产业结构发挥着重要作用。此外,国家质量监督检验检疫总局还负责化妆品产品监督抽查、进出口化妆品标签审批、进出口化妆品的口岸检验检疫管理等工作。国家食品药品监督管理局主要负责批准发放化妆品生产企业卫生许可证。实施卫生许可证制度,可以加强化妆品生产企业的卫生管理行为,保证化妆品卫生质量要求。国家食品药品监督管理局的应有行政职能还包括批准化妆品新原料的使用、特殊化妆品的审批(只进行卫生安全性评价,不做功效评价)及进出口普通化妆品

的备案等主要工作。国家工商行政管理总局主要负责对化妆品流通领域环节进行监管。

49. 化妆品产品质量主要检验哪几方面?

质量合格的化妆品要求在合理的、可预见的使用条件下,不得对人体健康产生危害。化妆品产品质量主要检查净含量、标签指标、感官指标、理化指标、卫生指标(有毒物质限量)、微生物指标及化妆品中禁用和限用物质。

50. 化妆品质量检验中的标签指标主要包括哪些内容?

化妆品标签是指粘贴、连接或印在化妆品销售包装上的文字、数字、符号、图案和置于销售包装内的说明书。化妆品标签检验的主要依据是国家标准 GB 5296.3—2008《消费品使用说明　化妆品通用标签》、国家质量监督检验检疫总局第 100 号令《化妆品标识管理规定》以及相应产品标准的具体规定。GB 5296.3 规定了化妆品销售包装通用标签形式、基本原则、标注内容和标注要求,适用于中华人民共和国境内销售的化妆品。化妆品标签必须标注的内容包括:化妆品的名称、生产者的名称和地址、净含量、化妆品的成分表(自 2010 年 6 月 17 日所有国内生产或进口报检并销售的国产和进口化妆品,均须在产品包装上真实地标注配方中所添加的所有成分的中文标准名称，在17日前生产的国产化妆品和进口报检的化妆品，不必进行全成分标注，可以销售到产品保质期结束)、保质期、企业的生产许可证号、卫生许可证号和产品标准编号，其中产品标准编号可以不标注年代号。没有实行生产许可证管理的产品不需标注生产许可证号；进口非特殊用途化妆品应标注进口化妆品卫生许可备案文号；特殊用途化妆品应标注特殊用途化妆品批准文号。凡国家有关法律和法规有要求或根据化妆品特点需要时，应在化妆品销售包装的可视面上标注安全警告用语。安全警告用语应以“注意:”或“警告:”等作为引导语。必要时，应标注化妆品的使用指南或使用指南的图示；必要时，应标注满足保质期或限期使用日期的储存条件。对净含量不大于15 g或15 mL的产品，只需标注化妆品的名称、净含量、成分表、保质期和生产者的名称。供消费者免费使用并有相应标识(如赠品、非卖品等)的化妆品，可以免除标注净含量、成分表、生产许可证号、卫生许可证号、产品标准编号、进口化妆品卫生许可备案文号、特殊用途化妆品批准文号。此外，GB 5296.3还要求化妆品标识中必须含有产品质量检验合格证明。质量检验合格证明是指生产者为表示出厂的产品质量经检验合格而附于产品或产品包装上的标签、印章等。合格证明的标注方式可以采用合格证书的标注形式，也可以用合格标签，还可以在产品、产品的销售包装或者产品说

明书上盖“合格”印章或打印“合格”二字，以承诺产品经检验质量合格。

《化妆品标识管理规定》于2007年8月27日发布，自2008年9月1日起施行，在GB 5296.3要求基础上，增加了化妆品标识应当标注化妆品的实际生产加工地的要求，化妆品实际生产加工地应当按照行政区划至少标注到省级地域。实际生产加工地指完成产品最终制造工序的企业所在地。对于产品最终制造工序的界定，可以有以下几种：不需要特殊工艺灌装的产品，如化妆水、膏霜、乳液等产品，内容物制造完成地就是该产品的实际生产加工地；需要填充推进气体的气雾剂类产品，向内容物填充气体并灌装作为最终制造工序的加工地，即为实际生产加工地；灌装前需要在中间产品中添加部分原料的产品，以其最终制造工序“添加部分原料”的地点为其产品的实际生产加工地。如果同一产品存在两个或两个以上的实际生产加工地点，在标注实际加工地点时，可以通用一个标签，在标签上将实际生产加工地和责任企业的名称和地址逐一列出，用能清晰辨识的方式明示给消费者。如果由两个或两个以上国家或地区协作完成，部分工序在中国境内完成，责任方为中国境内企业且在境内销售的化妆品，如果实际生产加工企业在中国境内，应按规定进行标注，如果实际生产加工地为中国境外的国家或地区，那么实际生产加工地应标注到实际生产的国家或地区。

51. 化妆品质量检验中的感官指标主要包括哪些内容?

各类型化妆品因其状态和用途的不同,感官指标略有差异,但大致均包括:色泽、香气、清晰度、外观、质感等。

检测化妆品的外观、色泽、块型和结构,可以取试样在室温和非阳光直射下目测观察。检测化妆品的香气,可以对试样进行嗅觉鉴别。检测化妆品的质感,可以取适量试样,在室温下涂于手背或双臂内侧。检测化妆品的清晰度,可以将瓶装化妆品在室温和非阳光直射下,距离 30 cm 处观察。

52. 化妆品质量检验中的微生物指标主要包括哪些内容?

在各类化妆品国家标准和行业标准中,规定的化妆品微生物指标主要有菌落总数、粪大肠菌群、铜绿假单胞菌、金黄色葡萄球菌、霉菌和酵母菌数等。这主要是依据卫生部 2007 版《化妆品卫生规范》的要求制定的。

测定菌落总数可用来判明化妆品被细菌污染的程度,是对化妆品进行卫生学评价的综合依据。

粪大肠菌群细菌来源于人和温血动物的粪便,是重要的卫生指示菌。检出粪大肠菌群表明该化妆

品已被粪便污染，有可能存在其他肠道致病菌或寄生虫等病原体的危险。

铜绿假单胞菌对人有致病力，可使伤处化脓，引起败血症等。特别是烧伤、烫伤、眼部疾病患者被感染后，常使病情恶化引发败血症。化妆品卫生标准中规定不得检出铜绿假单胞菌。

金黄色葡萄球菌是葡萄球菌中对人类致病力最强的一种，能引起人体局部化脓性病变，严重时可导致败血症。

霉菌和酵母菌总数可判明化妆品被霉菌和酵母菌污染的程度及其一般卫生状况。

53. 化妆品质量检验中的有毒物质限量主要包括哪些内容?

化妆品中的有毒物质限量主要指 GB 7916《化妆品卫生标准》规定的铅、汞、砷、和甲醇，在有些化妆品标准中也被称为卫生指标。消费者长期使用砷、铅、汞含量高的化妆品，会导致重金属中毒，引发神经衰弱、乏力、烦躁、色素沉着等症状。人体的甲醇的吸收主要是通过呼吸道和消化道，但皮肤也可以部分吸收甲醇。甲醇在体内氧化和排泄的速度都很慢，长期使用甲醇超标的化妆品，会造成甲醇在体内的蓄积，从而对神经系统产生麻醉作用，使人出现头昏、头痛、乏力、视力模糊和失眠等症状。

54. 化妆品质量检验中的理化指标主要包括哪些内容？

每种化妆品标准规定检测的理化指标有所不同，如牙膏的理化指标包括稠度、泡沫量、pH、稳定性、过硬颗粒、游离氟、可溶性氟、总氟；洗发液（膏）检测耐热、耐寒、pH、泡沫、有效物、活性物含量指标；唇膏检测耐热、耐寒指标；染发剂检测 pH、氧化剂含量、耐热、耐寒、染色能力指标；指甲油检测干燥时间、牢固度指标；香水、古龙水、花露水检测相对密度、浊度和色泽稳定性指标。

55. 婴儿或儿童用化妆品和成人用化妆品的质量检验内容一样吗？

在化妆品国家标准和行业标准中，没有专门针对婴儿或儿童用化妆品的产品标准。卫生部 2007 版《化妆品卫生规范》规定，在化妆品微生物学质量要求方面，眼部、口唇、口腔黏膜用化妆品以及婴儿和儿童用化妆品细菌总数不得大于 500 个/mL 或 500 个/g，其他化妆品的细菌总数不得大于 1 000 个/mL或 1 000 个/g。因此，在化妆品产品标准中，儿童产品的特殊质量要求只体现在对细菌总数的要求更为严格。婴幼儿的护理产品如婴儿香皂、婴儿浴液与香波、婴儿爽身粉、婴儿油（膏）、婴儿霜（蜜）等，可由化妆品生产企业根据自身产品特点

和需要制定婴儿或儿童用化妆品的企业标准。此外,2007 版《化妆品卫生规范》还规定,在使用个别化妆品组分中限用物质时,化妆品标签上必须标印诸如“儿童不宜长用”、“三岁以下儿童勿用”、“防止儿童抓拿”等使用条件或注意事项。

56. 化妆品产品检测防腐剂吗?

防腐剂是可以阻止微生物生长的物质。在化妆品中,防腐剂的作用是保护产品,使之免受微生物污染,延长产品的货架寿命,确保产品的安全性,防止消费者因使用受微生物污染的产品而可能引起的感染。防腐剂通过作用于微生物的细胞膜、细胞壁及酶等多个靶点,抑制细胞中基础代谢酶的合成或重要生命物质——核酸和蛋白质的合成,破坏细胞的分裂,抑制细菌生长和繁殖,从而达到防腐的目的。防腐剂不是杀菌剂,它没有很强的即时杀灭微生物的效果。

化妆品中检测的防腐剂按化学结构分主要有四类:

(1) 甲醛供体和醛类衍生物:主要包括咪唑烷基脲、重氮咪唑烷基脲、1,3-二羟甲基-5,5-二甲基乙内酰脲(DMDMH)和甲醛类等。

(2) 苯甲酸及其衍生物:主要包括苯甲酸以及对羟基苯甲酸酯类防腐剂,其中对羟基苯甲酸酯类是最为常用的防腐剂，一般都以一种或几种对羟基苯甲酸酯复配使用。

(3) 醇类：主要有苯甲醇和苯氧乙醇，其中苯氧乙醇最大的优点是对铜绿假单胞菌效果明显。

(4) 其他有机化合物：最常见有三氯生、3-碘代丙炔氨基甲酸丁酯（IPBC）、2-溴-2-硝基-1,3-丙二醇（布罗波尔）和异噻唑啉酮类（凯松），其中3-碘代丙炔氨基甲酸丁酯是目前最有效的防霉剂。

57. 防晒化妆品检测防晒剂吗？

防晒化妆品的主要功能就是防晒，防止紫外线辐射对人体皮肤造成不良影响。由于短波紫外线（UVC）被大气臭氧层完全吸收，来自太阳辐射的紫外线只有中波紫外线（UVB）和长波紫外线（UVA）能到达地球表面，因此防晒化妆品的主要功效体现在对UVB和UVA的防护效果上。防晒剂的原理就是使用紫外线吸收剂，如对氨基苯甲酸（PABA）衍生物、邻氨基苯甲酸酯衍生物和肉桂酸酯类等物质，通过一定的化学作用吸收紫外光，或是添加部分无机离子，如二氧化钛和氧化锌，起到散射紫外线的作用。

测定防晒化妆品的防晒功能主要通过三种途径：

(1) 直接检测化妆品中防晒剂的种类和含量。

(2) 通过人体试验来进行功效评价。SPF 是日光防护系数(sun protection factor)的缩写,它是防晒化妆品保护皮肤避免发生日晒红斑的一种性能指标。日晒红斑也称作紫外线红斑,主要是日光中UVB 诱发的一种皮肤红斑反应,因此防晒化妆品的SPF 值也经常代表对 UVB 的防护效果指标。由于SPF 值的定义是建立在皮肤红斑反应的基础之上,因此目前通过人体试验测定防晒化妆品的 SPF 值是国际统一的技术模式。日光中 UVA 照射诱发的近期生物学效应是皮肤晒黑,远期累积效应则为皮肤光老化,这两种不良反应后果均为近年来化妆品美容领域内关注的焦点。防晒化妆品的 UVA 防护效果评价也通常采用人体试验测定长波紫外线防护指数(PFA 值),并以 PA+～PA +++标识其防护等级。具体 PFA 值与 PA 之间的换算为:PFA 值<2,无防护长波紫外线的效果;PFA 值 2～3,PA+;PFA 值 4～7,PA ++;PFA 值≥8,PA +++。

(3) 采用化妆品抗 UVA 能力测定仪(SPF 测定仪),主要用来测定化妆品抗 UVA(320 nm～400 nm)的能力。

现在最常用的检测方法是第一、二种。当然,防晒化妆品的实际防护效果同时还与生活中消费者的使用方法、使用习惯等诸多因素有关。因此,客观对待检测结果,养成良好正确的使用习惯,才能更好地发挥防晒化妆品的功能效果。

58. 怎样检测化妆品是否含有砷？

砷是一种以有毒而著名的金属元素，有灰、黄和黑三种同素异形体。元素砷的毒性很低，而砷的化合物均有毒性，三价砷化合物比五价砷化合物毒性高，溶解度小的雄黄（As_2S_2）和雌黄（As_2S_3）等砷的硫化物毒性较低，砷的氧化物和盐类绝大部分属高毒类。砷如果在皮肤或人体内蓄积达到一定的量，可以造成皮肤、神经系统、肝脏的病变。长期使用砷含量超标的化妆品，不但起不到美容的作用，反而会损害消费者的健康，慢性砷中毒可能会造成非肝硬化引起的高血压。卫生部 2007 版《化妆品卫生规范》中规定化妆品中砷含量不能超过 10 mg/kg。

目前化妆品中砷的检测方法主要有：

（1）氢化物原子荧光光度法，检出限为 4.0 μg/L。

（2）分光光度法，检出限为 0.03 μg。

（3）氢化物原子吸收法，最低检出限为 1.7 ng。

59. 怎样检测化妆品是否含有铅？

铅是一种金属元素，可用作耐硫酸腐蚀、防丙种射线、蓄电池等的材料，其合金可作铅字、轴承、电缆包皮等之用。铅可导致急性中毒，患者症状为胃疼、头痛、颤抖、神经性烦躁，严重的可导致患者人事不省，直至死亡。此外，有报道指出越来越多的孩子受母亲染发剂的影响导致血铅含量超标进而引起铅中

毒。卫生部2007版《化妆品卫生规范》规定化妆品中铅含量应低于40 mg/kg。但是,在实际的化妆品生产过程中,多种原因会导致化妆品中或多或少地存在杂质铅。

化妆品中铅的测定方法主要有:

(1) 火焰原子吸收分光光度法,检出限为0.15 mg/L。

(2) 微分电位溶出法,检出限为0.056 μg,定量下限为0.19 μg。

(3) 双硫腙萃取分光光度法,检出限为0.3 μg。

现在市场上流行一种简单鉴定化妆品含铅量的方法,具体操作是先把化妆品涂在手背或纸上,然后用18K金的戒指在上面反复涂抹,如果痕迹是黑的,就说明化妆品含铅量很高。其实利用这样的方法测试是没有科学道理的。18K金的戒指中含有25%的铜和银(铜和银的比例因公司的设计风格不同而不同,含银量高的首饰发白而质软,含铜量高的首饰发黄而质硬),铜和银都易被氧化而变成黑色的氧化银和氧化铜。当戒指在手背(或纸)上擦过,擦下来的少量铜和银被迅速地氧化成黑色物质,于是就留下了黑色的痕迹,与化妆品内的含铅量没有关系。

60. 怎样检测化妆品是否含有汞?

汞为银白色的液态金属,常温即可蒸发。汞中毒分急性和慢性两种:急性中毒的症状表现为腹痛、腹泻、血尿等；慢性中毒的症状主要表现为口腔发炎、肌肉震颤和精神失常等。一些化妆品生产企业向产品中添加汞，主要是因为汞可以作为一种速效美白剂。由于汞化合物可置换酪氨酸酶中的铜离子，降低其活性，所以使用含汞化妆品后，在短期内会很快出现色素减褪的现象。同时汞离子原料价格低廉，这些优势使它被运用在一些不法化妆品生产过程中，以“帮助”使用者实现快速祛斑、美白。汞是有毒的重金属，虽然含汞化妆品美白有奇效，但是停用之后会造成褐斑的反弹和大量的色素沉着，还可能导致使用者的面部出现突发性暗疮印，斑点颜色变黑并剧增，甚至造成终生皮肤伤害。长期使用汞含量高的化妆品，消费者的使用部位会产生异常的皮肤色素沉着，色斑颜色加深，皮肤一层层脱落。据科学资料显示，如果人体长期接触汞会造成慢性中毒，损害神经、消化和内分泌系统，甚至危及生命。非法含汞化妆品的主要销售渠道是美容院，使用含汞护肤品美白几乎已经成了美容院行业公开的秘密。

检测化妆品中是否含有汞的方法主要有：

(1) 冷原子吸收法，检出限为 0.01 μg。

(2) 氢化物原子荧光光度法，检出限为 0.1 μg/L。

卫生部 2007 版《化妆品卫生规范》中要求化妆品中作为原料杂质带入的汞不能超过 1 mg/kg。以上两种检测方法均能满足检测要求。

61. 怎样检测化妆品是否含有抗生素?

抗生素是能抵抗致病微生物的药物,是抗菌消炎类药中最大的一类。抗生素是微生物(包括细菌、真菌、放线菌属)或高等动植物在生活过程中所产生的具有抗病原体或其他活性的一类次级代谢产物,是能干扰其他生活细胞发育功能的化学物质。

在我国,化妆品中严禁添加抗生素。如果化妆品中违禁添加了抗生素而不标明,这样容易导致消费者滥用抗生素,虽然消费者使用后在短期内不会有任何异常反应,但当使用者为了治病而选择该抗生素时,体内可能早已经产生了抗药性,甚至有可能导致全身性损害。

对于化妆品中抗生素的检测多采用高效液相色谱法,卫生部 2007 版《化妆品卫生规范》规定了测定祛痘除螨类化妆品中氯霉素等 6 种抗生素和甲硝唑的高效液相色谱法,也有参照 2005 版《中国药典》中的薄层色谱方法检测化妆品中的氯霉素,该方法准确、简便、快速、重现性好,样品最小检测限度为 1.0 mg/g。

62. 怎样检测化妆品是否含有激素?

激素(hormone)音译为荷尔蒙。它对机体的代谢、生长、发育、繁殖、性欲和性活动等起重要的调节作用。激素按化学结构大体分为四类:第一类为类固醇，如肾上腺皮质激素、性激素；第二类为氨基酸衍生物，如甲状腺素等；第三类激素的结构为肽与蛋白质，如下丘脑激素、垂体激素等；第四类为脂肪酸衍生物，如前列腺素。使用加有雌激素的化妆品，可引起月经不调、色素沉着、黑斑；含有去炎松（肾上腺皮质激素）的化妆品可治疗面部痤疮或过敏性炎症，但如果使用时间较久，面部可发生毛细血管扩张、面部皮肤血管纹理明显、皮肤变薄等现象，且易发生面部的疖肿。卫生部 2007 版《化妆品卫生规范》将具有雄激素效应的物质、孕激素类、雌激素类、糖皮质激素类、甾族结构的抗雄激素物质等列为化妆品禁用组分。

激素的化学测定方法有经典的比色法、薄层色谱法、气相色谱-质谱法及高效液相色谱法。目前高效液相色谱法越来越被广泛采用。

63. 眼部用化妆品在质量检验上有特殊要求吗？

对于眼部用化妆品并没有专门的国家标准或者行业标准，检验眼部用化妆品产品质量主要参照轻工行业标准 QB/T 1857—2004《润肤膏霜》和 QB 2286—1997《润肤乳液》执行，或是企业自行制定标准。对于生产眼部用化妆品所使用的原料，卫生部 2007 版《化妆品卫生规范》对其卫生指标有一定的特殊质量要求：眼部用化妆品及口唇等黏膜用

化妆品以及婴儿和儿童用化妆品菌落总数不得大于500 CFU/mL或500 CFU/g，其他化妆品菌落总数不得大于1 000 CFU/mL或1 000 CFU/g。

64. 口红产品检测色素吗?

口红不同于唇膏。唇膏含有蜡基，而口红可以含有蜡基也可以不含，如啫喱类。由于目前口红产品没有专门的国家标准或者行业标准，只能参照轻工行业标准QB/T 1977—2004《唇膏》、企业标准或者国家产品质量监督抽查实施规范CCGF 211.6—2008《唇膏、化妆粉块、香粉》进行质量检查。在QB/T 1977和相关企业标准中都没有将着色剂(色素)定为检测项目，CCGF 211.6中将工业染料苏丹红作为不得添加的着色剂列出。

一般口红的原料组成是：油性基料占90%，其中蜡类硬化剂占20%～25%，油及油脂占65%～70%；着色剂占10%。卫生部2007版《化妆品卫生规范》对用于口红产品的生产原料提出了严格的要求。按照该规范规定，口红中禁止使用的着色剂有着色剂CI 12140、着色剂CI 13065和着色剂CI 15585等10种，限制使用的着色剂有溶剂红3、颜料红4、颜料红3和颜料红112等156种。口红的色相大致是在7.5RP(红粉红)至2.5YR(黄红)的范围，分为粉红、红、玫瑰红、酒红(紫红)、橙黄、深褐、米黄等7色。用于口红生产的染料种类繁多、配比复杂，相同颜色的口红可能是用不同的染料加工而成，也可能是以不同配比的相同染料加工而成的。鉴于这种复杂性，可运用的测定口红产品中着色剂的检测方法较少，主要依据文献方法，如对于口红中苏丹红的检测采用的是高效液相色谱/二极管阵列检测器（HPLC/DAD），文献报道了用该仪器同时测定唇膏中 9 种限用着色剂（溶剂绿 7、食品黄 3、食品红 17、酸性黄 1、酸性红 33、食品红 4、食品红 1、橙黄 1 和酸性橙 7）的检测方法。

65. 功效型牙膏和普通牙膏在产品质量、检测要求上有区别吗？

普通牙膏执行国家标准 GB 8372—2008《牙膏》，质量要求主要包括三个方面：牙膏用原料感官指标（膏体、稳定性）、理化指标（pH 值、过硬颗粒、可溶氟或游离氟量、总氟量、净含量）和卫生指标（菌落总数、霉菌与酵母菌总数、粪大肠菌群、铜绿假单胞菌、金黄色葡萄球菌、铅含量、砷含量）。在国家监督抽查实施规范中，除了以上理化和卫生指标外还增加了三氯生、二甘醇两个指标。

功效型牙膏执行轻工行业标准 QB 2966—2008《功效型牙膏》，按照该标准中的定义，功效型牙膏是指添加了功效成分，除了具有牙膏的基本功能之外兼有辅助预防或减轻某些口腔问题、促进口腔健康的牙膏。针对改善口腔问题的主要功效包括但不限

于：防龋、抑制牙菌斑、抗菌、抗牙本质敏感、减轻牙龈有关问题、消除或减轻口臭、除渍增白、抗牙结石等。目前检测功效型牙膏的指标主要有：牙膏用原料、卫生指标、感官指标、理化指标、净含量、功效作用（产品宣称功效）评价、安全性评价、功效成分及其含量的测定。其中功效作用评价包含功效作用相关文件支持[1)]、功效作用验证报告和功效作用验证要求。

与普通牙膏相比，功效型牙膏对功效作用作出了严格的评价要求，以防止某些企业不负责任地夸大宣传和虚假宣传。由于功效型牙膏中的功效成分（如许多中草药提取物）较为复杂，可用于牙膏生产的中草药原料都尚无相应标准，牙膏产品中的中药功效成分能有多少有待考证。目前检测方法比较成熟的只有氟含量、氯化锶等几个指标，也就是说功效型牙膏与普通牙膏的检测指标基本相同。

1）如果添加的功效成分如氟化钠、单氟磷酸钠、氟化亚锡、氯化锶、硝酸钾等为国际组织如国际标准化组织（ISO）、美国食品药品管理局（FDA）、美国牙医协会（ADA）、欧盟消费品科学委员会（SCCP）等公认或符合 GB 8372—2008 要求，这些国际组织或国家标准对功效成分及其功效作用的记述即为相关文件支持。

四、卫生安全篇

66. 什么是化妆品的禁用、限用物质？

卫生部 2007 版《化妆品卫生规范》列出了包括禁用或限用原料、着色剂、防晒剂、防腐剂在内的共 1 286 种化妆品禁用、限用物质。所有化妆品生产原料和最终产品应严格符合《化妆品卫生规范》要求，化妆品新原料的使用必须通过卫生行政管理部门的批准。目前，2007 版《化妆品卫生规范》列出的卫生化学检测方法只有二十多种，仅有部分禁用、限用物质具有成熟的检测方法，绝大多数禁用、限用物质尚未制定统一的检测标准和方法，不能满足对化妆品原料以及化妆品全成分进行分析检测的要求。

67. 现在网上购物较流行，网购的化妆品安全么？

随着现代信息化技术的进步和电子商务技术的发展，对产品经销商尤其是规模不大的经销商而言，网络销售因投入较少且可以较大程度地节约销售成本已渐渐成为其最重要的产品营销方式。百姓网上购物日渐流行，尤其对经常与网络打交道的年轻时尚一族、收入较低的打工族以及平时忙于工作难有

时间去购物的上班族而言，通过网络渠道购买化妆品是个不错的选择。

一般地，相对实体店面而言，网络销售的化妆品显著的价格优势对消费者具有较大吸引力，而网购可很方便地买到很多国外知名品牌产品，且可选购的化妆品品牌和产品众多，检索和跟踪便捷，采买受时间和地域限制小，交易和配送有保障等，这些都是很多消费者乐意网购化妆品的重要原因。

但是，网络销售的化妆品种类繁多，来源纷杂，包装真假莫辨，质量良莠不齐，且网上提供的化妆品交易记录以及网店的良好信誉度等相关消费指导信息也是可以通过人为或信息技术实现，这些都给消费者辨识化妆品的真伪和保障消费安全增加了很大的难度。目前，网上有不少化妆品是知名化妆品企业的正品，或是专卖店铺流通出来的小样和赠品等，包装完好，具有国家卫生许可部门和质检部门的生产许可文号，标识正确齐全，消费者网购到这样的化妆品，则安全性是有保障的；但也有一些化妆品尤其是具有功效作用的特殊用途化妆品，可能来自某地小作坊私制或小商品批发市场，无生产许可和卫生许可文号，无产品监督检验证明，无生产日期和生产批次等相关信息，标签标识不符合国家相关规定，消费者如果不小心买到并使用这样的化妆品，则会给自身健康和安全增加较大的风险。

目前我国与化妆品网购相关的电子商务类法律

法规尚不是十分健全，限于现阶段的网络监管机制和技术水平，网购纠纷举证的成本和难度也可能会给化妆品消费者维权增加很多不便。因此，综合考虑上述因素，建议消费者网购化妆品应尽可能慎重，注重学习积累相关化妆品安全消费知识，增进自我维权意识和产品辨识能力，并尽可能选择在知名化妆品企业的官方网站上购买，这样产品质量和消费权益将会有良好的保障。

68. 什么是天然化妆品？什么是有机化妆品？什么是绿色化妆品？天然化妆品就一定安全么？

现代消费者对健康和美的需求，直接推动了化妆品产品研发和产业进步。近年来，伴随国际化妆品业界的安全和环保相关行动以及知名化妆品论坛和峰会上“天然”、“有机”和“绿色”等概念的不断流行，国内化妆品市场开始出现了各类天然、有机或绿色概念的化妆品产品，一些进口或国产的化妆品大力宣称甚至现场演示产品可食用，吸引了众多消费者的广泛关注和极大兴趣。

化妆品的“天然”、“有机”和“绿色”概念反映了现代化妆品消费日趋理性、安全和环境友好的鲜明特质。但是，由于概念与技术发展的不同步、认识理解的分歧以及文化差异等众多因素的影响，“天然化妆品”、“有机化妆品”和“绿色化妆品”这些概念一直

缺乏明确的定义和国际统一的认证标准，给化妆品相关产业发展和广大消费者的消费指导带来了很多不便。

为尝试彻底解决这个问题，欧洲六个最主要的有机和天然化妆品相关认证机构（德国 BDIH、比利时 BIOFORUM、法国 COSMEBIO 和 ECOCERT、意大利 ICEA 以及英国 SOIL ASSOCIATION）经过长达 6 年的讨论，2010 年 1 月，终于就有机/天然化妆品的界定达成一致并发布了 COSMOS 有机和天然化妆品认证标准，此标准现在虽不是其严格的定义，但可以作为有机和天然化妆品的判定依据。

根据 COSMOS 标准，以 COSMOS-ORGANIC 标识的有机化妆品至少 20％的全组分化妆成品须是有机的，但对淋洗类产品、非乳化的水性产品以及含至少 80％矿物质或矿物质成分的产品而言，则至少 10％的全组分化妆成品须为有机的。以 COSMOS-ORGANIC 标识的天然化妆品须满足以下条件：① 须在标签上标注产品最后制造过程的许可或监控机构的名称、法令或徽标，且/或有标准制定部门封印。② 须标识仅见于化妆品成分国际命名（INCI）表列的有机成分和有机原材料，对物理方式处理的农产品、水产品或野外采（集）/收（获）品，只可用“产自有机农业”字样；对化学方式处理的农产品、水产品或野外采（集）/收（获）品，只可用“使用有机成分生产”字样。③ 可标识原始有机成分在化妆品全成分制成品里的质量分数，或标识原始有机成分在不含水和矿物质的化妆品全成分制成品里的质量分数。④ 不得在产品包装上就有机成分或含量作任何宣称。

目前，“绿色化妆品”尚无国际统一定义和认证标准，但一般认为，绿色化妆品是在化妆品原料、辅剂及色素和防腐剂等各类添加剂的使用、制造和包装标识等各个生产环节都使用了绿色化学技术或应用了环境友好理念的产品。

现阶段的天然化妆品只是符合上述认证标准的产品，其仍允许含有一定比率的合成化学品，其安全性仍需通过全面完整的化妆品安全性评估程序。天然化妆品里的一些天然产物或提取物，对人体也可能存在皮肤/眼刺激性和致敏性等风险，故现阶段的天然化妆品均不能认为是一定安全的。

69. 什么物质在普通化妆品中禁用但却可用于眼部化妆品？

在普通化妆品中禁用但在眼部用化妆品中可以使用的物质是汞。普通化妆品中汞的限量要求是 1 mg/kg，但是含有机汞防腐剂的眼部用化妆品除外。如苯汞的盐类（包括硼酸苯汞）、硫柳汞等仅用于眼部用化妆品和眼部卸妆品，使用的限量范围是 0.007%（以 Hg 计），并且在标签上必须标印含苯汞化合物或硫柳汞。

普通化妆品可以使用但眼部用化妆品禁止使用的物质有:① 着色剂:有些着色剂只能用于除眼部用化妆品之外的其他化妆品,如酸性黄 1、酸性橙 7、酸性红 98;② 染发剂:化妆品组分中暂时允许使用的染发剂不可用于染眉毛和眼睫毛,因而在产品标签上均需标注警示语"不可用于染眉毛和眼睫毛,如果不慎入眼,应立即冲洗"。③ 普通化妆品允许氯化银的最高浓度为 0.004%(质量分数),但沉积在二氧化钛上的 20%(质量分数)氯化银禁用于眼周产品。

70. 牙膏产品含有哪些对人体有潜在危害的物质?

(1) 三氯生:化学名称为 2,4,4′-三氯-2′-羟基二苯醚,别名:玉洁纯、玉洁新、三氯新等。三氯生为高效广谱抗菌剂,对革兰氏阳性菌、阴性菌、酵母及病毒均有杀灭和抑制作用,是目前国际上推崇的安全高效广谱抗菌剂。广泛用于高效药皂(卫生香皂、卫生洗液)、除腋臭产品(脚气雾剂)、消毒洗手液、伤口消毒喷雾剂、医疗器械消毒剂、卫生洗面奶(膏)、空气清新剂及冰箱除臭剂等,更高纯度的三氯生还广泛用于治疗牙龈炎、牙周炎及口腔溃疡等的功效型牙膏及漱口水中,建议使用浓度为 0.05%~0.3%。GB 22115—2008《牙膏用原料规范》规定三氯生含量不得超过0.3%。国外媒体曾报道，三氯生会和自来水处理过程中残留在水中的氯气反应，生成三氯甲烷，而三氯甲烷被美国环境保护署标为可能致癌的物质。中国专家称低剂量的三氯甲烷对人体影响不足以导致癌症。尽管三氯生是否会间接致癌尚无明确结论，含有三氯生的牙膏制品还是受到了一定影响。

(2) 二甘醇：又称一缩二乙二醇、二乙二醇醚、乙二醇醚。二甘醇属于低毒类化学物质，进入人体后由于代谢排出迅速，无明显蓄积性，迄今未发现有致癌、致畸和诱变作用的证据，但大剂量摄入会损害肾脏。根据GB 22115—2008《牙膏用原料规范》的规定，二甘醇是不许人为在原料中添加的，如作为杂质带入，在牙膏中的含量不得超过0.1%。美国等一些国家也明令禁止牙膏中使用二甘醇。欧盟食品科学委员会制定的标准规定，每人每天摄入不超过0.5 mg/kg的二甘醇不会对人体造成危害，而刷牙时二甘醇残留在体内的含量在0.1 mg/kg～0.2 mg/kg之间，远远低于欧盟的标准。

在牙膏生产中，二甘醇是一种增溶剂，能够使牙膏中的成分遇水后迅速溶化，提高牙膏品质。早期国内牙膏生产企业使用甘油作为牙膏中的保湿剂，避免牙膏很快干裂，后来由于国内甘油供应不足，开始用二甘醇和甘油的混合体作为牙膏保湿剂。从

20世纪80年代开始,由于考虑到二甘醇可能给人体带来不确定伤害,很多国家尤其是欧洲国家渐渐停止使用二甘醇,已用安全系数更高的替代性原料作为添加剂了。

(3) 氟:氟可以增强牙齿钙的抗酸性,同时抑制细菌发酵产生的酸,因此能够坚固骨骼和牙齿,预防龋齿。但高浓度的氟对人体的危害很大,轻则影响牙齿和骨骼的发育,使得骨头密度过硬,很容易产生骨折(氟化骨症),或者因为含氟过高引起牙体的硬组织发育不正常,使得牙齿表面出现斑点甚至变色,影响牙齿美观(氟斑牙)。重则会引起恶心、呕吐、心律不齐等急性氟中毒,如果人体每千克含氟量达到32 mg～64 mg就会导致死亡。据专家介绍,饮用水中氟浓度超过1 mg/L时就会引起氟斑牙,而国内很多含氟牙膏的氟浓度达到1 000 mg/L。因此,使用含氟牙膏的量一定要小,一般每次不超过1 g,牙膏占到牙刷头的1/5～1/4就可以了,无须挤满牙刷头。氟斑牙通常发生在婴幼儿时期,特别是在6岁以前儿童牙齿发育的关键时期,因此儿童不要使用含氟牙膏。对于生态环境中本身氟的含量就比较高的部分地区,当地居民也不应该使用含氟牙膏。GB 8372—2008《牙膏》规定:成人含氟牙膏的氟含量在0.05%～0.15%之间,儿童含氟牙膏中氟含量应在0.05%～0.11%之间。

71. 染发剂产品含有哪些对人体有毒有害物质？

(1) 染料类：染发剂中的染料主要有对苯二胺、邻苯二胺、间苯二胺、氢醌、*m*-氨基苯酚、*p*-氨基苯酚、甲苯 2,5-二胺、间苯二酚和 *p*-甲氨基苯酚等。

对苯二胺是染发剂中的主要成分，可经皮肤吸收，在体内生成苯醌二亚胺，有很强的致敏作用，可引发接触性皮炎、湿疹、支气管哮喘等疾病，更能破坏血细胞、阻碍代谢、诱发淋巴瘤和白血病。目前虽然被允许在染发剂生产中使用，但被明确限制含量不得高于 6%，并需在包装上标明警示语，使用前还需进行皮肤测试。间苯二胺是工业染料，主要用作毛皮染料、偶氮染料和水泥促凝剂等，除可引起湿疹、气喘等，还可导致血液障碍，影响肾脏、肝脏功能，引发正铁血红蛋白血症甚至致癌，国家已明令禁止其用于化妆品生产。目前某些染发产品宣称不含对苯二胺，但可能含有氢醌（含量应低于 0.3%）、*m*-氨基苯酚（含量应低于 2.0%）、*p*-氨基苯酚（含量应低于 1.0%）、甲苯 2,5-二胺（含量应低于 10.0%）、间苯二酚（含量应低于 5.0%）和 *p*-甲氨基苯酚（含量应低于1.0%）等。

(2) 铅：染发剂中的铅一直是产品质量检查的重点，由于铅具有良好的上色性，染发剂中往往含有

大量的铅，与母亲朝夕相处的孩子也成了这种染发剂的受害者。目前发现的幼儿铅中毒病例中，母亲染发可能导致孩子血铅含量超标的病例呈上升趋势。由于铅的毒性较大，欧盟《化妆品规程 76/768/EEC》和我国卫生部 2007 版《化妆品卫生规范》规定醋酸铅不再用作染发剂原料。

(3) 氧化剂：氧化剂是某些染发剂的组成部分，多选用过氧化物作活性物，其中过氧化氢(浓度一般为 6%)又是采用的最多的活性物成分。这些物质决定了染料中间体在染发过程中氧化反应的完全程度，浓度高则染发效果更明显，同时也大大增强了对头发角蛋白的破坏力，加剧头发的损伤程度。经常使用氧化剂含量偏高的染发剂的头发容易干枯、变脆、开叉、脱落。

72. 对化妆品有哪些卫生要求?

对化妆品的卫生要求，包括以下三方面：(1) 一般要求，即在正常以及合理的、可预见的使用条件下，化妆品不得对人体健康产生危害。(2) 原料要求，规定了禁止使用的化妆品组分，对防腐剂规定了最大允许使用浓度、使用范围和限制条件，对防晒剂、着色剂、染发剂规定了最大允许使用浓度和限制要求。(3) 终产品要求，必须使用安全，不得对施用部位产生明显刺激和损伤，且无感染性。

73. 化妆品新原料投入生产前要做哪些毒理学试验？

化妆品的新原料在投入生产前，一般需进行下列毒理学试验：

(1) 急性经口和急性经皮毒性试验；

(2) 皮肤和急性眼刺激性/腐蚀性试验；

(3) 皮肤变态反应试验；

(4) 皮肤光毒性和光敏感试验(原料具有紫外线吸收特性需做该项试验)；

(5) 致突变试验(至少应包括一项基因突变试验和一项染色体畸变试验)；

(6) 亚慢性经口和经皮毒性试验；

(7) 致畸试验；

(8) 慢性毒性/致癌性结合试验；

(9) 毒物代谢及动力学试验。

此外，根据原料的特性和用途，还可考虑其他必要的试验。如果该新原料与已用于化妆品的原料化学结构及特性相似，则可考虑减少某些试验。

74. 新开发的化妆品上市前要做哪些试验？

由于化妆品种类繁多，在一般情况下，新开发的化妆品产品在投放市场前，应根据产品的用途和类别进行相应的试验，以评价其安全性。在选择试验

项目时应根据实际情况确定，主要包括：皮肤刺激性/腐蚀性试验，以确定和评价化妆品原料及其产品对哺乳动物皮肤局部是否有刺激作用或腐蚀作用及其程度；急性眼刺激性/腐蚀性试验，以确定和评价化妆品原料及其产品对哺乳动物的眼睛是否有刺激作用或腐蚀作用及其程度；皮肤变态反应试验，以确定重复接触化妆品及其原料是否可引起哺乳动物的变态反应及其程度；皮肤光毒性试验，以评价化妆品原料及其产品引起皮肤光毒性的可能性；鼠伤寒沙门氏菌/回复突变试验，以判断化妆品及其原料是否为致突变物；体外哺乳动物细胞染色体畸变试验，以评价化妆品及其原料致突变的可能性。

在进行上述试验时，应注意：(1) 每天使用的化妆品需进行多次皮肤刺激性试验，间隔数日使用的和用后冲洗的化妆品进行急性皮肤刺激性试验，进行多次皮肤刺激性试验的受试者不再进行急性皮肤刺激性试验。(2) 与眼接触可能性小的产品不需进行急性眼刺激性试验。

75. 哪些化妆品要做人体皮肤斑贴试验？

人体皮肤斑贴试验可分为皮肤封闭型斑贴试验和皮肤开放型斑贴试验是通过对合格的志愿者应用规范的斑贴试验材料进行试验，看此化妆品对人体有无不良反应，从而分析该化妆品引起人体皮肤不良反应的潜在可能性。

化妆品中防晒类、祛斑类和除臭类化妆品需要依据 GB 17149.1—1997《化妆品皮肤病诊断标准及处理原则　总则》和 GB 17149.2—1997《化妆品接触性皮炎诊断标准及处理原则》进行人体斑贴试验。

人体皮肤斑贴试验的基本原则为：

(1) 选择合格的志愿者作为试验对象。

(2) 应用规范的斑贴试验材料进行试验。

(3) 根据化妆品的不同性质，原则上皮肤封闭型斑贴试验时可选用化妆品终产品原物，即洗类皮肤和(或)发用类清洁剂应将其稀释成 1%水溶液为受试物；皮肤开放型斑贴试验试验物可选用化妆品终产品原物，即洗类皮肤和(或)发用类清洁剂应将其稀释成 5%水溶液为受试物，脱毛剂为 10%稀释物。

76. 哪些化妆品要做人体试用试验安全性评价？

做人体试用试验安全性评价是为了评价化妆品引起人体皮肤不良反应的潜在可能性。化妆品人体试验应符合国际赫尔辛基宣言的基本原则，要求受试者签署知情同意书并采取必要的医学防护措施，最大程度地保护受试者的利益。

化妆品中育发类、健美类、美乳类、脱毛类化妆品需要进行人体试用试验安全性评价。

（1）育发类化妆品

按受试者入选标准选择脱发患者30例以上，按照化妆品产品标签注明的使用特点和方法让受试者直接使用受试产品。每周1次观察或电话随访受试者皮肤反应，按皮肤不良反应分级标准记录结果，试用时间不得少于4周。

（2）健美类化妆品

按受试者入选标准选择单纯性肥胖者30例以上，按照化妆品产品标签注明的使用特点和方法让受试者直接使用受试产品。每周1次观察或电话随访受试者有无全身性不良反应如厌食、腹泻或乏力等，观察涂抹样品部位皮肤反应，按皮肤不良反应分级标准记录结果，试用时间不得少于4周。

（3）美乳类化妆品

按受试者入选标准选择正常女性受试者30例以上，按照化妆品产品标签注明的使用特点和方法让受试者直接使用受试产品。每周1次观察或电话随访受试者有无全身性不良反应如恶心、乏力、月经紊乱及其他不适等，观察涂抹样品部位皮肤反应，按皮肤不良反应分级标准记录结果。试用时间不得少于4周。

（4）脱毛类化妆品

按受试者入选标准选择符合要求的志愿受试者30例以上，按照化妆品产品标签注明的使用特点和方法让受试者直接使用受试产品。试用后由负责医生观察局部皮肤反应，按皮肤不良反应分级标准记录结果。

77. 化妆品包装需符合哪些要求？

化妆品的直接接触包装容器材料必须无毒，不得含有或释放可能对使用者造成伤害的有毒物质，不应对人体造成伤害。包装容器在化妆品保质期内不应有破裂，防止污染。

化妆品包装外观总体上应符合下列要求：化妆品包装印刷的图案和字迹应整洁、清晰、不易脱落，色泽均匀一致；化妆品包装的标贴不应错贴、漏贴、倒贴，黏贴应牢固；标签要求按 GB 5296.3《消费品使用说明　化妆品通用标签》的规定。具体要求如下：

(1) 瓶子：瓶身应平稳，表面光滑，瓶壁厚薄基本均匀，无明显疤痕、变形，不应有冷爆和裂痕；瓶口应端正、光滑，不应用毛刺（毛口），螺纹、卡口配合结构完好、端正；瓶与盖的配合应严紧，无滑牙、松脱，无泄露现象；瓶内外应洁净。

(2) 盖：内盖应完整、光滑、洁净、不变形，内盖与瓶和外盖的配合应良好，内盖不应漏放；外盖应端正、光滑，无破碎、裂纹、毛刺（毛口），外盖色泽应均匀一致，外盖螺纹配合结构应完好，加有电化铝或烫金外盖的色泽应均匀一致，翻盖类外盖应翻起灵活，连接部位无断裂，盖与瓶的配合应严密，无滑牙、

松脱。

(3) 袋:袋不应用明显皱纹、划伤、空气泡;袋的色泽应均匀一致;袋的封口要牢固,不应有开口、穿孔、漏液(膏)现象;复合袋应复合牢固、镀膜均匀。

(4) 软管:管身应光滑、整洁、厚薄均匀,无明显划痕,色泽应均匀一致;软管封口要牢固、端正,不应有开口、皱褶现象(模具正常压痕除外);软管的盖应符合盖的要求;软管的复合膜应无浮起现象。

(5) 盒:盒面应光滑、端正,不应有明显露底划痕、毛刺(毛口)、严重瘪压和破损现象;盒开启松紧度应适宜,取花盒时,不可用手指强行剥开,以捏住盖边底不自落为合格;盒内镜面、内容物与盒应黏贴牢固,镜面映像良好,无露底划痕和破损现象。

(6) 喷雾罐:罐体平整,无锈斑,焊缝平滑,无明显划伤、凹罐现象,色泽应均匀一致;卷口应平滑,不应有皱褶、裂纹和变形;喷雾罐的盖应符合外盖的要求。

(7) 锭管:管体应端正、平滑,无裂纹、毛刺(毛口),不应有明显划痕,色泽应均匀一致;部件配合应松紧适宜,保证内容物能正常旋出或推出。

(8) 化妆笔:笔杆和笔套应光滑、端正,不开胶,漆膜不开裂;笔杆和笔套的配合应松紧适宜;化妆笔的色泽应均匀一致。

(9) 喷头:喷头应端正、清洁,无破损和裂痕现象;喷头的组配零部件应完整无缺,确保喷液畅通。

(10) 外盒:花盒应与中盒包装配套严紧,花盒应清洁、端正、平整,盒盖盖好,无皱褶、缺边、缺角现象,花盒的黏合部位应黏贴牢固,无黏贴痕迹、开裂和互相黏连现象,产品无错装、漏装、倒装现象;中盒应清洁、端正、平整,盒盖盖好,中盒的黏合部位应黏贴牢固,无黏贴痕迹、开裂和互相黏连现象,产品无错装、漏装、倒装现象,中盒标贴应端正、清洁、完整,并根据需要应标明产品名称、规格、装盒数量和生产者名称;塑封应黏接牢固,无开裂现象,塑封表面应清洁,无破损现象,塑封内无错装、漏装、倒装现象。

化妆品的运输包装应符合以下要求:运输包装应整洁、端正、平滑,封箱牢固;产品无错装、漏装、倒装现象;运输包装的标志应清楚、完整、位置合适,并根据需要应标明产品名称、生产者名称和地址、净含量、产品数量、整箱质量(毛重)、体积、生产日期和保质期或生产批号和限期使用日期;宜根据需要选择标注 GB/T 191《包装储运图示标志》中的图示标志。

五、鉴别选购篇

78. 怎样识别假冒伪劣化妆品?

化妆品品牌越来越多,不法商家浑水摸鱼的功力也越来越强,消费者一不小心就会陷入假冒伪劣化妆品的陷阱里。下面几招教您避免买到假冒伪劣化妆品。

一看:批号是否齐全。

合格的化妆品都会在产品外包装或内附说明书上标明其化妆品许可证号、卫生许可证号和生产许可证号。如果选购特殊用途化妆品,还应具备特殊用途化妆品批号,这是辨别真伪的第一要素。

二看:产品名称是否规范。

合格化妆品的名称应采用符合国家、行业及企业产品标准的名称,或反映化妆品真实属性且简明易懂的名称;当使用新创名称时,必须同时使用化妆品分类规定的名称来反映产品的真实属性;产品名称应标注在外包装的主视面。一些假冒伪劣化妆品的产品名称,伪造市场上畅销产品的名称,采用同音不同字等方式,使之与合格产品很类似。仔细观察可以发现,这些假冒伪劣化妆品外包装的字体、色彩及图案等与合格产品都存在一定差异。

三看：产品包装是否粗制滥造。

一般合格化妆品的包装都比较讲究，著名品牌的化妆品的包装更是相当精美。如果你见到一种包装粗制滥造的“名牌”产品，那它的真实性就要大打折扣。

四看：有无生产厂商及产地。

合格化妆品要求标明产品制造、包装、分装者经依法登记注册的名称和地址；合格进口化妆品应标明原产国名或地区名（指中国香港、澳门、台湾等）、制造者名称、地址，或经销商、进口商、在华代理商及在国内依法登记注册的名称和地址。一些假冒伪劣化妆品，在外包装上不写生产厂名及厂址，而写“中国制造”，或仅写汉语拼音，或乱写外文来冒充出口、进口产品，骗取消费者信任。

五看：有无正规的产品成分和功能说明。

劣质化妆品往往以夸大其辞的功能宣传吸引消费者，并且常用一些模棱两可的所谓高科技术语装点门面，恨不得变成面面俱到、包治百病的万金油。而名牌优质化妆品则会在产品说明中附以较详细的成分、功能及使用方法说明，并且会针对不同消费者的皮肤类型列出使用范围。

六看：是否过了保质期。

化妆品与食品一样都有一定的使用期限，所有合格产品都会标明生产日期与保质期，或者失效期

限。当然那些没有标明保质期或安全使用日期的产品就一定要好好研究,到底是写在外包装上了,还是它就是个实实在在的假冒伪劣产品。

七看:产品的“色香质”是否正常。

所谓色,就是看化妆品本身的颜色是否纯正,无论是彩妆品还是液体、膏体的护肤品,都经过严格的无菌生产和包装,有完整的质检手段,合格产品绝对不会含有杂质;所谓香,就是要闻一闻产品,无论其有无香味或香味浓淡,绝不会有令人反感的腐败变质味道;所谓质,就是试用时的体验,看产品是否质地细腻,有良好的使用效果。

八看:产品的价格差异。

许多假冒名牌的化妆品从外包装上很难辨别,但由于生产成本和销售渠道不同,它们很难进入大型商场,只能在批发市场或地摊小店里出售,以诱人的低价吸引消费者。如果你买到的化妆品价格与大商场比便宜得离谱,那么请慎重购买。

九看:有无发票。

出售化妆品后能够开具正规发票的商家当然是心中无愧了,而那些以种种借口不开发票的化妆品商卖的虽不一定都是假货,但购买时也要冒不少风险,因为对于化妆品的质量和使用效果都没有最根本的保证。因此建议在购买化妆品后索要发票,并详细注明产品名称和型号。

79. 怎样判断化妆品是否变质?

生活中由于使用质量不过关或受菌污染而变质的化妆品伤害皮肤的事时有发生。因此,购买和使用化妆品前必须学会判断化妆品是否已经变质。

一看:颜色变化。

营养类和洗发护发类化妆品,颜色较淡,大多是白、淡黄、粉红、湖蓝等。若发现颜色变深或间隔有深色斑点,这便是质变的标志。颜色变化一般是由霉菌和细菌引起的,因为细菌在生长过程中会产生色素,霉菌的孢子也具有色素,有些细菌菌落和酵母也呈现颜色 ,可使化妆品原有的淡色变得发黄、发黑。

二看:有无气体产生。

因细菌生长伴随发酵过程,分解化妆品中的有机物,产生酸味和气体。化妆品中微生物产生的气体可使化妆品膨胀,严重时,微生物产生的气体甚至会冲开化妆品瓶盖而使其外溢 。遇到上述情况,即说明化妆品已变质。

三看:膏霜是否稀薄。

化妆品中一般都含有淀粉、蛋白质和脂肪。因细菌体内含有水解蛋白质和脂类的活性酶,能分解化妆品中的蛋白质和脂类,破坏化妆品原来的乳化状态,从而使原来包含在乳化结构中的水分析出,产生油水分离现象。因此,膏霜稀薄与否也是鉴别方

法之一。

四看:浑浊程度。

液体化妆品中的微生物繁殖生长会使化妆品浑浊不清。浑浊说明化妆品中的微生物已达到相当的数量,有的霉菌生长会使液体化妆品中出现丝状、絮状悬浮物,有的甚至出现成团现象。

五看:有无酸败异味。

微生物在生长过程中还会产生各种酸类物质,它们使化妆品变酸、pH 值下降,同时还破坏化妆品原有的气味,产生异味甚至发臭。

六看:黏稠度。

将不合格的洗发液、乳液等上下摇动,洗发液等会因黏度不够而流动较快,打开瓶盖向下斜置使少量液体流出时,流出的液体呈滴水状(合格品应呈不断的细线状)。

80. 化妆品中的哪些物质容易引起皮肤过敏?

化妆品的成分一般包含基质、香料、防腐剂、乳化剂等,根据使用目的的不同又可以包含其他成分,如保湿霜里可有保湿剂,营养霜里可有维生素,防晒霜里有一些紫外线吸收剂,除臭剂含有除臭成分和抗菌剂,防皱霜和眼霜里多有收敛剂,卸妆使用的化妆品里多有清洁剂、泡沫剂,眼影、胭脂、指甲油等多含有染料等。在这些化妆品组分中,目前文献报道的最易引起皮肤过敏的变应原依次是香料、防腐剂和染料中的对苯二胺。

① 香料

香料物质按其来源可以分为天然香料和合成香料。在香料工业中约有3 000多种不同成分的香料应用在化妆品中，其中300种～400种是天然来源。香料物质在化妆品中的浓度一般为0.5%，在一些香味不浓的化妆品中也有浓度≤0.1%的香料存在。据统计，化妆品引起的皮肤过敏中至少有35%是由香料引起的，芳香混合物是香料接触过敏的指示剂，在皮肤科就诊的患者中芳香混合物斑贴试验的阳性率为6%～11%。需要注意的是，大多数对香料过敏的患者认为使用瓶示“不含香料”的化妆品就不会发生香料过敏。但瓶示“不含香料”的化妆品其实很多含有隐藏的芳香混合物成分，尤其是一些含植物提取物的化妆品，多与芳香混合物有交叉过敏反应。一些学者建议，芳香混合物敏感病人应避免使用标示独立植物成分的个人护理产品。

② 防腐剂

与香料一样，防腐剂也是一组重要的接触变应原。多数防腐剂有抗菌作用，一部分具有抗氧化作用。将它们用于化妆品时，过敏的发生率其实远低于刺激性皮炎或者皮肤轻度刺激感的发生率。但过敏带来的后果远比刺激严重，在更换一种含有不确定变应原的化妆品后，会有出现复发性皮炎的风险。

③ 对苯二胺

染发剂可以分为植物染料、金属染料和合成有机染料三种。前两种现在已经基本不用。合成有机染料中主要为苯胺染料和硝基染料，其中最容易引起过敏的成分是对苯二胺。

综上所述，化妆品中普遍存在着多种多样的过敏原。当然每个人的敏感性也是完全不一样的。因此，在使用化妆品时，尽量选择对自身不会引起过敏的化妆品，如果一旦发现某一种或某一类化妆品引起过敏，应尽早停止使用，以免出现不良反应；如果已发生对化妆品严重过敏的现象，应及时到医院就医，查明情况，对症治疗。

81. 价格越贵的化妆品使用效果就一定越好吗？

选择化妆品，价格只是参考因素，关键还是看化妆品是否适合本人的皮肤特点，一定要根据皮肤需求选择合适的产品，而不只是简单地仅从价格高低判断化妆品品质的优劣。花多少钱买护肤品，与获得良好的护肤效果完全是两码事。尤其一些过分强调功效而价格不菲的化妆品，更要关注它的安全性，不要被类似“七天美白”、“十天祛斑”的宣传所迷惑。

正确地选用化妆品，应该根据自己的皮肤情况、年龄、性别、生理条件、不同的季节、不同的用途等来挑选适用的化妆品。

(1) 按皮肤情况选用化妆品

① 具有油性皮肤的人，要用洗净力较强的洁肤用品和具有收敛性的化妆水类用品，可选用水质的膏霜类护肤用品，宜选用“水包油”的面霜。

② 干性皮肤的人，应该使用含油脂成分的洁肤用品，以及含油量高的冷霜之类的护肤品，宜选用“油包水”的面霜，不宜使用甘油，因甘油吸水性较强，使用后会使皮肤更加干燥。

③ 中性皮肤的人，则可选用洗净力较弱的洁肤用品，以及奶液、润肤霜之类的护肤品。在化妆品选择上相对随意些。

(2) 按季节选用化妆品

一年四季气候条件不同，人的皮肤状态也随之发生不同的变化。夏天气温较高，皮肤的汗腺、皮脂腺功能旺盛，常分泌较多的汗液和皮脂，此时以使用含油量较少的化妆品为好。为防止阳光中紫外线对皮肤的损伤，可选用防晒油等护肤用品。

冬季气候寒冷干燥，汗液和皮脂分泌减少，皮肤往往会变得干燥，有时会产生皲裂，此时应使用油脂含量高并且内含保湿成分的润肤霜等用品。

春秋季节风沙较大，则可选用含油量中等的奶液面霜类护肤用品。

(3) 按年龄选用化妆品

在各种女用化妆品中也有分别适用于少女、孕

妇及中老年妇女的各类化妆品。婴幼儿皮肤细嫩，皮脂分泌较少，可选用专供婴幼儿使用的各种化妆品。老年人皮肤较为干燥，应选用油脂含量较高及含有维生素 E 等营养成分的化妆品。老年人用的某些营养润肤化妆品不适用于年轻人，这些营养化妆品中为防止皮肤的进一步老化，常加抗衰老的营养物质，对于年轻人来说，就会造成营养过剩，反而会刺激皮肤，甚至罹患某些皮肤病。

(4) 根据不同用途选择不同化妆品

很多化妆品，从外观上看是很相似的。但它们的功能、用途却不一样，如防晒、祛斑、抗皱等，在购买时，应根据自己的具体情况有重点地进行选择。

82. 怎样鉴别进口化妆品的真伪？

正规的国外化妆品进入中国市场须有正确规范的中文标签，应清楚标识由卫生部批准后签发的非特殊用途化妆品备案号或特殊用途化妆品批准文号，以及我国检验检疫部门检验合格后加贴的“CIQ”(China Inspection Quarantine，中国检验检疫)激光标志。消费者在购买时应注意产品是否有规范汉字标注的产品名称、成分、使用说明、生产日期、有效期、净含量、产地和生产单位的名称、地址、电话以及代理商在国内登记注册的名称和地址等。中文标识要贴在原装的英文标识上，将英文标识覆盖，而不是仅仅贴在外包装塑料膜上。

对中文标识的内容，要注意以下几方面：

① 看中文是否为规范汉字，即简化字，字高度不小于 1.8 mm。

② 看是否注明了原产国或地区。合格的化妆品必须标明生产商和产地的名称，而不会像一些伪劣产品以“Made in France”等简单外文蒙骗消费者。

③ 看是否有经销商、进口商、在华代理商在我国依法登记注册的名称和地址。

④ 看是否标明产品的净含量或净容量，护肤化妆品须标注内容物的重量。

⑤ 看是否有进口化妆品卫生许可证批准文号。对于体积小，不便标注说明性内容的化妆品（如唇膏、化妆笔等），应标注产品名称和制造者的名称。此外，生产日期或期限使用日期必须打印在包装上，并在中文标签上注明其具体位置。

必须加贴“CIQ”标志的进口化妆品包括：香水及花露水、唇用化妆品（如唇膏、唇线笔）、眼用化妆品（如眼影粉、睫毛膏、眼霜）、指（趾）甲化妆品、香粉、护肤品（包括防晒油或晒黑油，但药物除外）、其他美容化妆品（如胭脂类、粉底类、眉笔、洗面奶、丰乳霜、祛臭霜、按摩霜、粉刺霜、祛斑霜、脱毛膏等）、洗发剂、烫发剂、定型剂、其他护发品（如护发素、焗油膏、染发膏）。消费者在购买上述产品时，应认真检查其是否加贴“CIQ”标志和中文标识。

辨认“CIQ”标志需注意以下几点：

① 加贴在进口化妆品上的“CIQ”标志规格为直径 10 mm。

② 标志正面文字为“中国检验检疫”及其英文缩写“CIQ”。

③ 标志背面加注九位数码流水号。

④ “CIQ”标志一揭即毁。

83. 怎样选择儿童用化妆品？

从市场上的产品来看：目前儿童化妆品可分护肤、清洁、卫生三种。婴幼儿护肤品含有各种维生素、蛋白质，杀菌、抑菌，以润肤霜、润肤露为主。清洁类产品配方温和，有良好的润肤、杀菌作用，如婴幼儿香皂、浴液及香波等。卫生类产品主要有各种痱子粉、爽身粉、花露水等，宜在浴后和夏季使用。婴幼儿皮肤特别娇嫩柔软，护肤品除了应对皮肤、眼睛没有毒性外，还应考虑产品的安全性和低刺激性。

选购儿童化妆品需要掌握以下三个原则：① 要稀。如果儿童化妆品涂上之后感觉很厚，就是不对的。② 泡沫要少。因为泡沫都是有刺激性的，会让宝宝非常不舒服。③ 用后应感觉爽滑。

购买时则要尽量买专业、正规生产儿童化妆品的厂家的产品，尽量买成熟产品、老产品。而且宝宝护肤品的牌子不宜经常更换，这样宝宝的皮肤便不

用对不同的护肤品反复做调整。建议购买时家长要看一下产品成分表，尽量选一些成分比较简单，不含香料、酒精，无刺激，能很好保护皮肤水分平衡的产品，以减少对宝宝皮肤的刺激。

另外，建议家长在挑选日化产品时，为宝宝做个“皮试”。操作方法是，在宝宝前臂内侧中下部，涂抹些产品，如果是沐浴露，则需要稀释后再涂抹，然后每天涂一次，大约持续3天～4天，如果发现宝宝没有出现红疹等过敏现象，就可以进一步使用了。

温馨提示：

① 孩子不能随意用成人的化妆品。成人使用的护肤品中会添加一些功能性成分，如美白、防晒、抗衰老等成分，这些成分会对儿童娇嫩的皮肤产生较大刺激，可能会伤害孩子的皮肤。

② 选用婴幼儿不容易开启或弄破包装的化妆品，以防摄入或吸入有害物质。

③ 由于婴幼儿护理品每次用量较少，一件产品往往要用相当长的时间才能用完，因此产品稳定性要好，购买时除注意保质期外，还应尽量购买小包装产品。

④ 避免购买和使用有着色剂、珠光剂的产品，同时婴幼儿化妆品应尽量少加或不加香精，因配制香精用的有些原料会对皮肤有刺激。

⑤ 如果在使用化妆品的过程中发现孩子眼睛

充血、流泪,一定要立即停止使用。

84. 孕期妈妈选择化妆品应注意哪些问题?

怀孕是女性的特殊生理阶段,这时的女性常常会由于身体状况的变化,而变得敏感、身体抵抗力下降,而且孕期特别忌讳接触有害的化学物品。为保证腹中胎儿的健康,孕期妈妈最好避免接触和使用以下化妆品:

(1) 染发剂:染发剂不仅会引起皮肤癌,而且还会引起乳腺癌,导致胎儿畸形。

(2) 冷烫精:怀孕后,不但头发非常脆弱,而且极易脱落。若是再用化学冷烫精烫发,更会加剧头发脱落。此外,化学冷烫精还会影响孕妇体内胎儿的正常生长发育,少数妇女还会对其产生过敏反应。

(3) 口红:口红是由各种油脂、蜡质、颜料和香料等成分组成。其中油脂通常采用羊毛脂,具有较强的吸附性,可以吸附空气中飞扬的尘埃、各种金属分子、细菌和病毒,经过口腔进入体内,一旦孕妇抵抗力下降就会染病。其中有毒、有害物质以及细菌和病毒还能够通过胎盘对胎儿造成威胁。口红中的颜料还可能引起胎儿畸变。

(4) 指甲油:目前市场上销售的指甲油大多是以硝化纤维为基料,配以丙酮、乙酯、丁酯、苯二甲酸等化学溶剂,增塑剂及各色染料制成,这些化学物质对人体有一定的毒害作用。孕妇在用手吃东西时，指甲油中的有毒化学物质很容易随食物进入体内，并能通过胎盘和血液进入胎儿体内，日积月累，就会影响胎儿健康。

(5) 香薰精油：香薰精油对胎儿的发育没有什么好处，还可能造成孕妇流产。

(6) 脱毛剂：脱毛剂是化学制品，会影响胎儿健康。

(7) 祛斑霜：孕妇在孕期脸上会出现色斑加深的现象，是正常的生理现象而非病理现象。孕期祛斑不但效果不好，还由于很多祛斑霜都含有铅、汞等化学物以及某些激素，长期使用会影响胎儿发育，有发生畸胎的可能。

另外，孕妇在孕期还要尽量避免使用含维甲酸类、激素类成分的化妆品，因为这两种成分都可能对腹中胎儿的发育造成不良影响。

85. 爽身粉与痱子粉有什么区别？成人用爽身(痱子)粉能给婴儿用吗？使用爽身(痱子)粉应注意什么问题？

很多人都误认为爽身粉和痱子粉只是一种东西的两种叫法而已，没什么区别，其实不然。爽身粉与痱子粉虽然作用极相似，都有凉爽肌肤、吸收汗液、止痒等作用，但所含成分是有区别的。爽身粉的主要成分是粉体基质(主要是滑石粉、玉米淀粉等)、吸

汗剂、香料等，不含杀菌剂。而痱子粉与爽身粉最大的不同就是添加有杀菌剂，除此之外，痱子粉成分中还有升华硫、薄荷脑、氧化锌、百里酚和水杨酸等。因此，与痱子粉相比，爽身粉的成分更简单，刺激性更小。如果婴儿不宜使用痱子粉，那可用儿童爽身粉代替。

成人用爽身(痱子)粉是不能给婴儿用的。爽身粉和痱子粉均根据硼酸含量不同，分为成人用和儿童用两种。成人用爽身(痱子)粉中含有硼酸，而在小儿爽身(痱子)粉中是禁放硼酸的，这是成人爽身(痱子)粉和小儿爽身(痱子)粉的最大区别。除此之外，成人痱子粉所含的薄荷脑、樟脑(或冰片)比小儿痱子粉多3倍～4倍；升华硫多10倍；而对皮肤刺激大的水杨酸则多4倍。如果给宝宝误用成人痱子粉，可能会发生中毒现象，引起恶心呕吐、皮肤起红斑等不良反应。

使用爽身(痱子)粉，应注意的问题有：

① 由于滑石粉成分有可能是引发过敏性气喘、皮肤炎等过敏性疾病的过敏原，有气喘或过敏体质的宝宝，应避免使用，可为这类宝宝选用玉米淀粉类爽身粉。

② 痱子粉的作用是抑制痱子再生，夏季将它涂在易长痱子的皮肤上，有杀菌、消炎、清凉、止痒、清除污垢、疏通汗腺的作用。如果已经长出痱子，则痱子粉不但无治疗效果，反而会增加毛细孔上的污垢，

引发新的皮肤病，必须停用。

③ 对于女宝宝来说，用痱子粉、爽身粉时最好不要将其扑在大腿内侧、外阴部、下腹部等处。因为痱子粉、爽身粉的颗粒比较小，可能会进入孩子的阴部，引起阴道炎或过敏性炎症。

86. 化妆品中常用的保湿成分有哪些？怎样选购适合的保湿化妆品？

保湿护肤品中的保湿成分可分为水性及油性的保湿因子，水性保湿因子有甘油、天然保湿因子、胶原蛋白、水解胶原蛋白、维生素原 B_5、氨基酸等，油性保湿因子有荷荷芭油、小麦胚芽油、酪梨油、夏威夷核果油、杏核油、葵花油等。水性保湿因子可以补充肌肤的水分，可是油性保湿因子的主要作用却是保水及修复角质。

如今保湿化妆品种类很多，如霜、啫喱、乳液等。在众多产品中，如何选择适合你的保湿化妆品呢？每个人的肤质不同，分为油性、粉刺、干性以及混合性皮肤。在选择保湿化妆品的时候必须根据个人的皮肤类型有针对性地选择保湿方式。

(1) 保湿霜

适合成熟、干性和敏感肌肤，将保湿霜抹到皮肤上，能渗透皮肤，但还无法到达细胞层。然而，保湿霜的作用并不是渗透肌肤，而是为肌肤涂上一层保护薄膜。这层保护膜能保护皮肤免受环境中有害物

质的伤害，避免更多损伤。对成熟性皮肤来说，这是最好的选择。

（2）啫喱或液态保湿品

这类保湿品几乎适用于所有肌肤类型，有超强的补水能力，对肌肤的渗透比保湿霜更深。虽然见效快，但这类保湿品无法形成像保湿霜为皮肤提供的那种保护层。那些正常肤质、混合性、油性或是有粉刺的肌肤，都是啫喱和液态保湿品最忠实的拥护者。使用后立刻就能看到效果，能快速被肌肤吸收而没有任何残余。

如果是干性皮肤，冬天或许会更干，或者是正在经历肌肤表面缺水的痛苦，建议在使用了啫喱或是保湿乳液之后，再涂抹一层保湿霜，达到最佳补水效果。如果使用的是精华液，在同保湿乳液和保湿霜混用时，应该先抹精华液，再抹保湿乳液，最后抹保湿霜。

（3）保湿乳液

这类保湿品在保湿霜和啫喱之间是一个绝佳的平衡。中等的浓度保证了保湿成分能深度渗透肌肤，为细胞层提供补水保护，同时在肌肤表面形成保护层。中性、混合性、油性、粉刺、敏感性和干性肌肤最适合此类保湿品。

（4）油性保湿品

适合所有皮肤类型。不同品牌的油性保湿品有很大差别，即使在同一品牌下，成分也会有很大差异。针对不同皮肤类型,许多品牌都有相对应的油性保湿品。

87. 化妆品中常用的美白成分有哪些?选购美白化妆品应注意哪些问题?

化妆品中常见的美白成分主要包括:曲酸及其衍生物、维生素C及其衍生物、熊果苷、果酸、内皮素拮抗剂、宫宝素、黄酮类化合物以及天然中草药提取物等。不同美白成分的美白机理不同,搞清楚美白成分的美白机理,有助于帮助您选择安全、适合的美白化妆品。

(1) 曲酸及其衍生物

曲酸及其衍生物的美白机理是抑制酪氨酸酶(对黑色素形成起关键作用)的活性,减少黑色素的生成。需要注意的是长期使用曲酸可能会因其细胞毒性作用,引起皮肤病变。

(2) 维生素C及其衍生物

维生素C及其衍生物对除去后天性黑色素沉积有明显效果,并且具有抗氧化和清除自由基作用。

(3) 熊果苷

熊果苷能够迅速渗入肌肤阻断黑色素的形成,加速黑色素的分解与排泄,从而减少皮肤色素沉积,祛除色斑和雀斑。但熊果苷的光稳定性不好,因此应尽量在晚上使用,除非配方中含有大量的紫外线吸收剂。

(4) 果酸

果酸主要是通过渗透至皮肤角质层,加速细胞更新和促进死亡细胞脱离,达到改善皮肤状态的目的,使皮肤表面光滑、细腻、有光泽。

(5) 内皮素拮抗剂

内皮素拮抗剂是通过抑制内皮素激活酪氨酸酶及抑制内皮素促进黑色素细胞分化来达到美白的目的,并且能减少不均匀的色素分布。

(6) 宫宝素

宫宝素是从人体、牛、羊的胎盘中提取的生物制剂,在加快皮肤新陈代谢的同时对皮肤黑色素新陈代谢亦会加速。

(7) 黄酮类化合物

甘草、五加皮、葡萄籽、木瓜、红景天、白芷等提取液中多含有黄酮类、多酚类天然物质,能有效抑制酪氨酸酶及多巴素互变酶(TRP-2)(对黑色素形成起关键作用)的活性,具有很好的美白效果。

(8) 天然草药成分

我国传统的中药,许多具有良好的美白祛斑作用,如当归、川芎、丹参、白附子、白芷、伏苓、鲜皮、白芍、白术、菟丝子等都有抗皮肤衰老、美容和增白的功效。

消费者在选购美白化妆品时可注意以下几点:

① 尽量到信誉好、进货渠道正规、管理规范的商场、超市购买。

② 注意查看包装标识中是否标有生产企业的

卫生许可证号、卫生部特殊用途化妆品批准文号、厂名、厂址及限用日期。

③ 根据需要购买。一般夏季选择较为清爽的“露”类产品，冬季则选择“霜”类产品。

④ 根据皮肤类型选择产品。干性皮肤推荐使用“霜”类产品，油性皮肤推荐使用“露”类产品。

⑤ 根据日常用于皮肤保养的时间选购产品。如果平时有足够的保养时间，则可选择面膜、按摩霜等美白产品。若没有充足的时间或者缺少耐心，则可选择洗面奶、爽肤水、面霜等美白产品。

⑥ 选购之前要了解产品的成分及功能。如有试用品，可试用一两天，看看产品是否适合自己的肤质、有无过敏现象等，然后再决定是否购买。

无论使用哪种美白化妆品都不能操之过急，因为任何皮肤的改善至少需要 28 天/周期，所以尝试新的品牌至少需要 1 个月至 2 个月才能显效，假如消费者在使用某种美白产品后效果迅速，则要当心其中是否含有汞、对苯二酚、维甲酸、过氧化氢、激素等禁限用的美白成分。

88. 化妆品中常用的防晒成分有哪些？选购防晒化妆品时是不是防晒指数越高的越好呢？

阳光对皮肤的伤害主要是由其中的紫外线(UV)造成的。紫外线对皮肤的伤害主要由 UVA

射线和 UVB 射线（以下简称 UVA 和 UVB）造成。UVA 全年都有，而 UVB 主要在夏天。UVA 是波长较长的紫外辐射，不被大气层顶端的臭氧层吸收，透射力可达人体真皮层，穿透力强、作用缓慢持久，会引起皮肤长期、慢性的损伤。UVB 是波长较短的紫外辐射，大部分被臭氧层吸收，透射力可达人体表皮层，能够灼伤皮肤细胞，引起红斑，轻者可致皮肤红肿、疼痛，重者会产生水泡、脱皮。UVA 和 UVB 都表现出对皮肤有致癌作用，而 UVB 的作用较强，当 UVB 存在时，UVA 会增强 UVB 的致癌作用。

防晒产品之所以具有防晒能力是因为在配方中加入了一定量的防晒剂。防晒剂从机理上可分为物理防晒剂和化学防晒剂。物理防晒剂主要指氧化锌、钛白粉等一些无机粉质，当它们的粒径小到一定程度后可反射和散射紫外线，从而避免紫外线直接接触皮肤。化学防晒剂是指这样一类有机物，它们能将紫外线吸收后再以一种较低的能量形态释放出来从而避免紫外线的直接损伤。紫外线吸收剂根据吸收紫外光波长的不同分为 UVA 吸收剂和 UVB 吸收剂。如果既要防晒黑又要防晒伤就需要同时加入 UVA 吸收剂和 UVB 吸收剂。

防晒化妆品标识值越高，防晒倍数也会相应增加，但不一定防晒指数越高的产品越好。防晒化妆品标识值越高，其通透性就要降低，会妨碍皮肤的正常分泌与呼吸。有些防晒剂对人的皮肤会造成一定的刺激，消费者在使用时就可能产生过敏和刺激，特别是皮肤敏感的人更应注意；即使没出现明显的刺激和过敏反应，长期涂抹含有高刺激源和过敏源的化妆品，也会使皮肤受到损害，出现粗糙、起疙瘩、发痒等症状，因而不能盲目地认为标识值越高越好。

那么应该选用标识为多少的防晒化妆品才适宜呢？建议一般情况下使用 SPF 值 15～25、PA＋＋的产品，在野外游玩、海滨游泳时，宜选用 SPF 值 30 以上、PA＋＋＋的产品。游泳时最好选用防水的防晒化妆品。多数防晒产品没有做过太阳下的稳定性试验，因此，若身体长期暴露在紫外线照射下时，不能认为涂一次防晒产品就一劳永逸，而要隔一段时间再涂抹一次。

此外，消费者在选用防晒化妆品时还应注意：

① 选择适合自己肤质的防晒护肤品。干性肌肤宜选择霜状的防晒用品；中性皮肤一般并无严格规定；油性肌肤宜选择渗透力较强的水性防晒用品。而乳液状的防晒霜则适合各种肤质使用。

② 在购买之前，最好做一下皮肤测试。先在自己的手腕内侧试用一下。10 min 内如果出现皮肤红、肿、痛、痒现象，则说明自己对这种产品有过敏反应，可以试用比此防晒指数低一个倍数的产品。如果还有反应，则最好放弃该品牌的防晒产品。

89. 含有哪些成分的护肤品有利于抗皱抗衰老?

人类皮肤衰老的主要原因是自由基对皮肤的伤害,因此,要想皮肤抗衰老,最重要的是清除皮肤多余的自由基,清除皮肤自由基的最好办法就是补充抗氧化剂。此外,能够促进细胞再生和促进细胞活力的成分也有助于抗衰老。再者,皮肤的主要成分是胶原蛋白,当人年龄变大的时候,皮肤胶原蛋白容易流失,要想防皱,也需要经常补充胶原蛋白。

导致自由基产生的因素包括年龄老化、日光照射、压力、环境污染、熬夜、吸烟、电脑辐射、炒菜的油烟等,因此,通过一系列的措施来减少自由基的产生是抗衰老的途径之一,白天的防晒和隔离以及一些良好的生活方式都会有助于抗衰老。

护肤品中常见的抗皱抗衰老的成分主要有:维生素C及其衍生物、维生素E、果酸、透明质酸、神经酰胺、胎盘素、超氧化歧化酶(SOD)、表皮生长因子(EGF)、金属硫蛋白、辅酶Q10、胶原蛋白等。

① 维生素C及其衍生物,能够重建真皮表皮结合部,促进胶原纤维生成。此外还具有很强的清除自由基能力,并且还可以美白。

② 维生素E,是人体主要的脂溶性抗氧化物,可以清除体内自由基以阻断氧化反应的进行,并减轻和修复细胞膜损伤,达到抵抗衰老的作用。

③ 果酸，可以去除老化的角质层，促进新皮肤的生长，因此可以让皮肤容光焕发，但是长期不恰当使用会伤及组织，令皮肤变薄、变红，造成化学灼伤。

④ 透明质酸又名玻尿酸，是真皮层中重要的黏液质，具有强吸水性，可以有效保湿。对于老化缺水的肌肤，有必要搭配高效保湿的透明质酸成分，以维持角质层的高水合状态。

⑤ 神经酰胺，可以有效地改善角质细胞的黏合力，使细胞紧密结合，减低水分散失，从而提升皮肤防御力，改善其保湿能力。

⑥ 胎盘素，属于复合的营养成分，主要功效是激发细胞再生，促进老旧细胞新陈代谢。

⑦ 超氧化歧化酶(SOD)，对皮肤的贡献包括增强角质层的障蔽功能、减少皮肤炎症、协同美白、防止皱纹生成等。

⑧ 表皮生长因子(EGF)，能够促进细胞的生长、增殖与合成的作用。表现出来的抗老化功效是增强了皮肤细胞自我修复的能力，以及激发胶原蛋白的合成。

⑨ 金属硫蛋白，具有清除体内皮肤细胞致衰老的超氧自由基和羟基自由基的特异功能，可高效率降低体内自由基水平，有效地防护细胞过氧化损伤，防止皮肤细胞衰老。

⑩ 辅酶 Q10，是一种抗氧化辅酶，能提高皮肤的生物利用率，调理皮肤，抑制皮肤老化。

⑪ 胶原蛋白,能促进表皮细胞的活力,增加营养,有效消除皮肤细小皱纹。

90. 祛痘化妆品中常用的功效成分有哪些?选购祛痘化妆品应注意哪些问题?

祛痘化妆品中常用的功效成分按其主要功效分类如下:

① 抗菌消炎类:主要作用在于抑制痤疮杆菌,使痘痘伤口收敛、愈合,常见的成分有过氧化苯甲酰、三氯生、硫磺、海藻、芦荟、茶树、龙胆紫、大蒜提取物、蛇麻油及甘菊、向日葵、金盏花、金缕梅等植物萃取物。

② 去角质类:去除老化角质,加速皮肤表层细胞的新陈代谢,清除粉刺,使皮肤明亮,如水杨酸、果酸、酵素、尿囊素等。

③ 控油类:痘痘肌肤通常有出油困扰,使皮脂堆积,氧化产生粉刺。控油成分以矽化分子、滑石粉、矿物颗粒较为常见。

④ 类激素类:丹参酮具有类雌性激素作用、抗炎作用和祛脂质作用等。

选购祛痘类化妆品时要注意:

① 尽可能选用化妆水、霜剂和乳剂等,及时清洗面部的油性分泌物,防止毛囊及皮脂腺堵塞,不可用油剂和膏剂化妆品。痤疮重症患者或炎症反应较强时应禁止使用粉底霜。

② 清洗面部、去除化妆物时宜采用洗面奶或普通香皂,但不可用力摩擦和使用按摩乳。

③ 祛痘类化妆品在某种程度上可起到防治痤疮的作用,但也可能诱发、加重痤疮,甚至可导致接触性皮炎,尤其是长期使用者更应注意。

④ 痤疮患者应避免使用含有香料的化妆品,谨防香料诱发接触性皮炎。

⑤ 尽量选择知名品牌的祛痘产品,相对来说比较安全。

⑥ 选购时注意产品的外包装,看厂家是否有公司名称、电话、地址;是否是合法注册的公司;是否用“速效”、“特效”、“永不复发”等宣传语,有则不可信;祛痘产品有没有医学理论,没有则不可信;国外生产的祛痘产品必须要有《进口化妆品许可证》及海关的商检报告,否则不可选。

⑦ 含水杨酸的祛痘产品要少用。

⑧ 购买前最好先做皮肤测试,看有无过敏反应。

注意:含以下物质的祛痘产品请禁用:糖皮质激素(如强的松、地塞米松、皮炎平等)、抗生素(如甲硝唑、四环素、氯霉素、克林霉素等)、西咪替丁、异维甲酸等。

另外,皮肤长了痘痘之后,单纯用化妆品是不能从根本上解决问题的。更重要的是要注意饮食和生活习惯,如日常生活中应注意少吃辛辣食物及刺激

性食物；保持皮肤清洁，每晚一定要用洗面奶洗脸，然后涂保湿水；保持心情愉快，学会自我调节，快乐生活；戒掉不良习惯，如抽烟、喝酒、熬夜等；多喝水、多吃蔬菜和水果，养成每天排大便的习惯。良好的饮食和生活习惯有助于从根本上消除痘痘。

91. 怎样选购眼霜？

眼霜是指主要以涂擦的方法，散布于人体眼部周围皮肤，以达到护肤、美容和修饰等目的的化妆品。眼霜能够起到祛眼袋、祛黑眼圈、除纹、防皱、收紧、提升、滋润、防晒、美白等功能。

选择眼霜最基本的要求就是即时舒缓眼部皮肤，保持眼部皮肤滋润。因为眼部皮肤只要滋润保湿、不油腻，就能得到保护、延缓细纹产生。另外，还要注意一下所选产品是否有其他方面的功能，比如是否具有抚平皱纹、消除浮肿、淡化黑眼圈和防晒等功能。

选购眼霜时主要需要关注以下四个方面：

(1) 要保湿。眼部皮肤比面部皮肤更干燥，需要保湿效果好、能长时间锁水的眼霜，才能防止眼部出现干纹。

(2) 要清爽，容易吸收。眼部皮肤只有面部皮肤的三分之一厚，眼霜要清爽不油腻才容易吸收，不长脂肪粒。

(3) 成分要安全。不刺激眼部肌肤，能够舒缓眼部皮肤。

（4）要根据年龄和皮肤状态选择合适的眼霜。20岁左右的人适宜选择啫喱类眼霜，可有效祛除眼袋和黑眼圈。30岁左右的人选择的眼霜必须要加强保湿，达到加强皮肤厚度和消除明显黑眼圈的双重功效，以对抗最初的细纹，提升眼睛光彩，维持年轻状态。40岁左右的人的重点应该放在祛除皱纹，针对明显的眼周纹路，应选用质地更稠厚、富有营养的眼霜，以达到除皱，紧实松弛肌肤，去除眼袋和黑眼圈的目的。50岁左右的人应选用有祛皱、紧致，并具有修饰作用的眼霜。

92. 唇膏的主要成分有哪些？怎样选购高品质唇膏？

唇膏的成分比较简单，主要由凡士林、羊毛脂、蜡质和染料等成分组成。其中凡士林、羊毛脂起滋润、保湿作用，蜡质起赋形作用。

一支好的唇膏应该具备以下几个条件：不含有害物质，不会引起过敏；香味纯正，无腥味、异味；膏体应能牢固地保持棒状外形，润滑美观而不腻，色泽鲜艳均匀，不应有深浅之分；使用顺利，容易涂抹，无需费力即可均匀涂在口唇上；膏体耐热、耐寒性好，在正常情况下，应热天不渗油，冷天不开裂，不变色，在一年之内不收缩、变软；膏体涂在口唇上能保

持数小时不脱落，色泽持久；膏体表面无气泡、色素以及油脂类析出；外壳光滑，外观和包装材料应美观、灵活。

选购高品质的唇膏，应注意以下几点：

(1) 尽量到正规商场购买信誉好的品牌。如果在别处购买，就要格外留心产品的生产日期和包装，现在市场上有很多仿名牌包装的或非正规厂家生产的润唇膏产品。

(2) 看包装。包装粗陋的产品，一看便知其质量多半不能让人放心；而包装、外观标识为知名品牌的产品，则更要仔细辨别了：一般品牌产品或正规厂家的产品，外包装完整，印刷清晰，润唇膏管体的字迹、图案不易刮损，激光防伪标志颜色变换鲜明，且外包装上有明显的拆封口。

(3) 闻气味。闻一闻，无香味或香味淡雅的较好。因为劣等产品的生产厂家其原料提纯技术水平不高，原料中会留有较大的重金属味，所以他们会添加较多的香料掩盖这些异味。可见，香味浓的润唇膏，其原料很有可能提纯得不好。

(4) 买前试一试。好的产品膏体细腻，能让嘴唇感觉湿润舒服而不是油腻腻的。过油的润唇膏有太多蜡质，这非但不能滋润双唇，反而会影响唇部皮肤的新陈代谢。

93. 常用面膜是如何分类的？怎样选购面膜产品？

常用的面膜按材质可分为：泥膏型面膜、撕剥型面膜、冻胶型面膜、乳霜型面膜和棉布式保养面膜等；按功能可分为：清洁面膜、保湿面膜、紧致面膜和美白面膜等。

在选购面膜前一定要先了解自己的肌肤状况，同时按照个人的保养目的来选择正确的面膜类型。

首先，不同功效的面膜适合不同的肤质。具有清洁和醒肤功能的清洁面膜适合油性及混合性肌肤；提高肌肤水分的保湿面膜适合各类肌肤；具有抗皱、紧实功效的紧致面膜适合成熟肌肤；具有美白效果的美白面膜适合各种肤质。

另外，不同质地的面膜，也有着各自的优势和劣势。

（1）泥膏型面膜

清洁、保湿效果好，能软化阻塞毛孔的硬化皮脂。敷脸后，黑头、粉刺很容易挤出来，对不适合于蒸汽的干性皮肤是最佳选择。其中不含特殊吸油成分的适用于中、干性皮肤，含较多高岭土（也称中国黏土）或添加吸油成分的适用于油性皮肤。但此类面膜防腐剂、矿物质含量较高，敏感性肌肤慎用。

（2）撕剥型面膜

主要成分是高分子胶、水和酒精，清洁原理与泥

膏型面膜相同，也是通过升高表皮温度，促进血液循环和新陈代谢。使用时要自上而下撕剥，避开眼眶、眉部、发际及嘴唇周围的肌肤。由于此类面膜不含保湿剂，不适合干性皮肤，撕剥的方式不适合敏感性皮肤。

(3) 冻胶型面膜

把冻胶型清洁面膜中的碱剂及表面活性剂拿掉，再加入一些保养成分，就成为冻胶型的保养面膜了。其中透明的只加入水溶性的护肤成分，更适合油性肤质，不透明的加入的成分比较多，干性肤质也可以使用。涂抹要有一定的厚度，一定要盖住毛孔，才能更好地发挥作用。

(4) 乳霜型面膜

效果与一般晚霜的效果差不了多少，质地跟护肤霜差不多，具有美白、保湿、舒缓等效果的面膜大多属于此类。敷完后擦拭干净即可。因为质地温和，适应面比较广，敏感性肌肤也能放心使用。

(5) 棉布式保养面膜

就是将调配好的高浓度保养精华液吸附在棉布(纸)上。成分易于控制并可添加多种养分，能提高护肤成分对皮肤的渗透量及渗透深度，并能迅速改变皮肤含水量。不过此类面膜没有清洁效果，不适合需要深层洁肤的人。

94. 常见的洁面产品有哪些？怎样选购洁面产品？

现在市面上的洁面产品有很多，按其形态主要分为：洁面皂、洁面膏、洁面啫喱、洁面乳及洁面泡沫（清洁度由强到弱）。

一款好的洁面产品首先要有好的清洁力，不论有无泡沫，都要能去除面部油脂和灰尘；同时兼具保湿功能，洗完不紧绷，皮肤水嫩有弹性；另外配方要安全，温和不刺激；香味宜人，不含香料更安全。

在选购洁面产品前一定要先了解自己的肌肤状况，根据肤质情况来选择正确的洁面产品类型。

（1）干性皮肤

干性皮肤处于缺水状态，应该使用温和、乳液状、低泡、弱酸性、保湿的洁面产品。可以选择无泡或低泡的洁面乳液或洁面泡沫，清洁力较弱，无刺激，能在皮肤表面保留一些油脂。

（2）中性皮肤

中性皮肤属于最好打理的健康皮肤，使用温和、弱酸性、保湿的洁面产品即可。洁面乳液、洁面膏、洁面啫喱等产品都可以使用，保证一定的清洁力即可。

（3）混合性皮肤

混合性皮肤两颊干燥，T 区油腻，需要调整水油平衡，最好能够使用两种洁面产品分别清洁。夏季

选择清洁力较强、泡沫丰富的洁面膏或洁面皂，秋冬季节可换为较为温和的洁面啫喱。

（4）油性皮肤

油性皮肤油脂分泌较旺盛，需要使用泡沫丰富、清洁力较强的洁面产品。可选择去脂力强的泡沫型洁面膏或洁面皂，能够深层清洁，去除油脂。

（5）敏感性皮肤

敏感性皮肤与干性皮肤类似，应该使用温和、无刺激的洁面产品，如洁面乳液、洁面啫喱或洁面泡沫，并且要特别注意该产品是否含有易引起皮肤敏感的成分。

（6）痘痘皮肤

痘痘皮肤其实更加需要温和的洁面产品，不再刺激发炎的痘痘，可选择具有一定清洁力的洁面啫喱和低泡洁面乳液。

95. 洗发水是怎样分类的？怎样选购适合的洗发水？

洗发水又称洗发液或洗发精、洗发香波，是应用最为广泛的头发和头皮基础护理化妆用品。一般采用表面活性剂、硅油、调节剂、营养护理成分，珠光剂、保湿剂、香料、色素、防腐剂和水作为原料。主要功能是清洁头发和头皮，同时为头发的整理造型打下基础，此外还具有去头屑、焗油、染发等功能，可防止脱发和防止分叉。

洗发水按透明度可分为透明型、珠光型和乳浊型；按功能可分为调理洗发水、中性洗发水、油性洗发水、干性洗发水、去头皮屑洗发水和染发洗发水等。

一款理想的洗发水应该是：

① 无毒性，安全性高，既能起到洗涤、清洁作用，又不能使头皮过分脱脂，性能温和，对眼睛、头发、头皮无刺激(儿童使用香波更应具有温和的去污作用，不刺激眼睛、头发和头皮)，使洗后的头发蓬松、爽洁、光亮、柔软。

② 泡沫细腻。

③ 易于清洗，无黏腻感，能减少头发上的静电。

④ 产品的 pH 值适中，对头发和头皮不造成损伤。

⑤ 有令人愉快的香味。

⑥ 如果是特殊作用的洗发水还应具有特定的功效。

选购适合的洗发水，要根据个人的发质和护理需要：

① 温和的洗发水，适合普通的发质。

② 强力滋润型的洗发水，适合头发特别干燥、细柔的发质。

③ 针对受损性发质的洗发水，即护理性的洗发水，适合长期染、烫，已造成伤害的头发。

④ 去头屑的的洗发水，含有特有的抑制头屑和

去头屑的成分。

⑤ 深层洁净洗发水，可以深入头发彻底清洁头发上的的化学残渍，使头发恢复以前的状态。

⑥ 二合一的洗发水，可以将洗发护发两者合一，一次完成。但这种洗发水从清洁角度上来说可能比较好；但从护发角度上来说，刚洗完头发还觉得比较顺，可是后来就会变得比较干，因此在用完二合一洗发水之后再补充一些护发素比较好。

96. 护发素的主要成分有哪些？怎样选购护发素？

护发素亦称润丝，一般与洗发水成对使用，洗发后将适量护发素均匀涂抹在头发上，轻揉一分钟左右，再用清水漂洗干净，故也有人称其为漂洗护发剂，属于发用化妆品。用后可使头发柔软、光泽、易于梳理、抗静电，并使头发所受的机械损伤和化学烫、电烫以及染发剂所带来的损伤得到一定程度的修复。

护发素主要是由表面活性剂、辅助表面活性剂、阳离子调理剂、增脂剂、防腐剂、色素、香精及其他活性成分组成。其中，表面活性剂主要起乳化、抗静电、抑菌作用；辅助表面活性剂可以辅助乳化；阳离子调理剂可对头发起到柔软、抗静电、保湿和调理作用；增脂剂如羊毛脂、橄榄油、硅油等在护发素中可改善头发营养状况，使头发光亮、易梳理；其他活性成分如维生素、水解蛋白、植物提取液等赋予护发素各种功能，市场上常见的有去头皮屑护发素、含芦荟或含人参的护发素等。

护发素从外观形态上分为透明型和乳液型两种，目前市场上较为常见的是乳液型产品。

选购适合的护发素，要根据个人的发质和护理需要：

(1) 干性头发：干性头发由于发质结构中的发丝毛鳞片已经受损，导致头发缺水、缺油，一遇到阳光就容易变得干枯，严重的还可能发黄、分叉、脆弱易断，因此应选择具有保湿、滋润作用的护发素。

(2) 油性头发：宜选择控油爽发型的护发素，让油性头发长时间保持干爽和舒适。

(3) 脆弱发质：脆弱发质因为极度缺乏营养以致弹性丧失，脆弱易断，所以最好选用含营养成分的护发素来护理。

(4) 正常发丝：选择适合自己发质的普通护发素即可。

(5) 干枯、分叉发丝：宜选择适合干性发质的护发素，并针对发梢开叉现象，隔天使用一次护发精华素。

(6) 泛黄发丝：选择有乌发作用的护发素，并且每周使用两次带有保养成分的护发素。

(7) 弹性差发丝：选择能增强发丝弹性的丰盈型护发素，并且每周至少用一次加强营养的发膜。

97. 染发剂中的主要成分有哪些？选用染发剂应注意哪些问题？

染发剂是指能够改变头发颜色，可将头发染成色彩各异、深浅不同的颜色的化妆品。在我国，染发产品被定义为特殊用途化妆品。

染发剂可分为暂时性染发剂、半永久性染发剂和永久性染发剂。目前市场上的染发化妆品中最主要的染发剂都属于永久性染发剂，所使用的染料有：天然植物型染料、金属盐类染料和氧化型染料。其中使用最普遍的是氧化型染料。这类产品以两剂型为主，一剂是含有染料的基质，可以是乳膏、粉末或水剂，主要染料为苯二胺类；另一剂是氧化剂，主要成分是过氧化氢，可以配成水溶液，也可以配成膏状基质或粉末，使用时将两剂等量混合，然后均匀涂刷于头发上，经过 20 min～30 min 着色后，用水冲洗干净即可。

永久性染发剂的染发机理简单地说就是：染发剂中所含的氨水或碱性成分将头发的鳞片层打开，染料小分子（中间体和耦合剂或改性剂）和氧化剂一起渗入头发的皮质层，同时发生氧化缩合反应，染料被氧化成大分子化合物，留在皮质层中，即显示出目标颜色。

消费者在选用染发产品时应注意以下几点：

（1）染发次数不宜过多，一年最好不要超过两次，而且只要染新长出来的地方就可以了。染发前可在头皮上擦上一些凡士林，万一沾上药水，也容易洗掉。

（2）应少用永久性染发剂，使用永久性黑色染发剂的消费者，最好考虑换用颜色较浅的染发剂。一般来讲，染发后三四天洗头时即褪色的，为短暂性染发剂；染发后一至两周褪色的，为半永久性染发剂；染发后两周以上基本不褪色的，为永久性染发剂。

（3）不要用不同的染发剂同时染发。染发剂之间有可能会发生化学反应。

（4）有疮疖、皮肤溃疡和对染发过敏的人，不宜染发。如果坚持要染发，一定要做过敏试验，把染发剂擦在耳后皮肤上，如果在两天内没有异常反应，方可染发。

（5）染完头发后，要多清洗几次，不要让染发剂残留在头发上；洗头时，小心别用手指抓破头皮。

（6）选购包装完好、标识清楚、品牌知名度高的产品。由于染发剂属于特殊用途化妆品，在使用前一定要仔细阅读使用说明和注意事项。要查看生产许可证号、卫生许可证号、特殊用途化妆品的批准文号是否齐全，产品执行标准号是否准确。选购进口产品时应查看进口化妆品卫生批准文号、中文产品名称、制造者名称、地址及经销单位注册的名称地址。

98. 发用摩丝的主要成分有哪些？发用摩丝是如何分类的？怎样选购发用摩丝？

发用摩丝主要由水（溶剂，溶解各组分）、成膜剂（一般是高分子聚合物，如丙烯酸或甲基丙烯酸甲酯类的聚合物衍生物，它通过在发束表面成膜→干化→定形的过程来完成发型的塑造）、保湿剂（保持头发的润感）、表面活性剂（有起泡、稳泡的作用）、推进剂（常见的是丙烷、丁烷，也有用其他的溶剂，常压下立即气化、膨胀，带动混在一起出来的料液，形成摩丝的泡沫）及其他附属成分（如聚合物改性剂、香料、防腐剂、营养成分、防晒成分）组成。

市场上的美发定型用品可大致分为摩丝、啫喱膏和喷发胶等几大类。摩丝根据功能不同可分为防晒摩丝、焗油护发摩丝、护发造型摩丝等几大类。选购摩丝要根据所需的护理功能和发质选择适合的摩丝产品。

防晒摩丝不含酒精成分，对头发无损害。具湿亮感觉，不油腻。对染发、电烫、干性及受损发质有滋润作用，令造型持久且具层次感，用后秀发更觉丰盈，有弹力。

焗油护发摩丝富含维生素 E、维生素 B_5 原及多种高级植物油，能有效渗透于头发表层鳞片结构中，补充头发氧分，修护受损发质，防止头发开叉、折断。其中的阳离子物质可消除头发静电，使头发易于梳理。胶脂类物质在头发表面形成一层保护膜，防止阳光中紫外线及有害灰尘对头发的直接损害。这类摩丝水溶性好，用水稍加湿润梳理，即可再现原来的定型效果，用水清洗容易。其使用效果甚至比蒸汽焗油更好，而且可免去蒸焗、冲洗的麻烦。

护发造型摩丝的泡沫雪白幼滑，气味清新自然，有护发及定型功能，令头发富于弹性，充满光泽，尤其适用于电烫后的曲发和天生幼细的发质。

另外，选购产品时尽量购买包装完好、标识清楚、品牌知名度高的产品。要注意检查产品外包装，保证罐体平整，无裂纹和变形，无松脱、泄漏现象；检查内容物，好的产品应是具有芳香气味的白色或淡黄色均匀泡沫，手感细腻，具有弹性；检查密封性能，先用手摇瓶罐，如果有液体在瓶内晃来晃去的感觉，说明已没什么气体，如果摩丝喷洒时发现泡沫少，或泡沫中夹带不少小粉粒，说明气体已经泄漏。

99. 指甲油的主要成分有哪些？怎样选购高品质指甲油？

市面上销售的指甲油根据美甲效果一般可分为亮光指甲油、透明指甲油、珠光指甲油、炫光指甲油、雾光指甲油、亮片指甲油等。

指甲油大多是以硝化纤维为原料，配上丙酮、乙酸乙酯（俗称香蕉水）、乳酸乙酯等化学溶剂、增塑剂以及化学染料混合制成，这些化学原料主要是让指

甲油涂在指甲上能使指甲鲜艳、润泽，并长期不褪色。可是这些原料很大程度上都是含有苯基的化合物，具有挥发性，对人体是有害的。同时，指甲油中的一些成分还容易引起孕妇流产及生出畸形儿，因此孕期或哺乳期的妇女都应避免使用指甲油。

正因为指甲油对健康存在危险性，应尽量减少指甲油的使用，同时一定要选购高品质的指甲油，以最大限度地减少指甲油对健康的危害。

(1) 最好使用相对安全的大品牌的指甲油产品。原因很简单，大品牌产品使用的原料相对安全。

(2) 如果涂深色指甲油，最多在指甲上停留 5 天，然后洗掉，让指甲透气。涂深色指甲油，通常涂一次很难达到色彩均衡，一般都会涂三次左右才能达到想要的效果，这样的深色指甲油在甲面停留时间长了以后，会染色到我们的甲体，时间长了，你会发现指甲变黄，不像原来那么健康了。因此，要及时清洗。

(3) 尽量用大品牌底油在上色前打底。好的底油可以避免指甲变色，而且很多底油里面含有钙质，可以强化我们的指甲。

(4) 选用相对安全的大品牌的洗甲水清理指甲油。

100. 泡沫越多的牙膏质量越好吗？怎样辨别牙膏产品的优劣？

泡沫越多的牙膏质量越好是对牙膏认识的误区，泡沫多少与牙膏质量并没有直接的关联。牙膏的主要成分有摩擦剂、发泡剂、润湿剂、胶黏剂、芳香剂等。牙膏产生的泡沫其实就是发泡剂，泡沫在刷牙中起清洁污垢的作用。定期清洁牙齿，口腔内的污垢不会很多，也就不需要太多泡沫。同时，对于孩子来讲，刷牙时过多的泡沫很容易刺激儿童娇嫩的咽部，使其产生呕吐反应，从而影响刷牙效果。所以牙膏并不是泡沫越多越好。

目前从牙膏的功能来论，分为两大类：普通牙膏(洁齿)和药物牙膏。按使用人群的年龄来分，可分为成人牙膏和儿童牙膏。面对市场上琳琅满目的牙膏，消费者在有了更大选择空间的同时，如何辨别牙膏质量的优劣、如何选择适合的牙膏也面临着更大的难度。

首先家有儿童的家庭应该同时选购成人牙膏和儿童牙膏，儿童不宜使用成人牙膏。由于儿童的牙龈脆弱，牙齿钙化程度差，所以应该选择刺激性小、柔和细腻、专门给儿童使用的儿童牙膏，否则容易造成儿童牙龈、牙体组织的损伤。同时应该针对不同的情况给孩子选择不同的牙膏。喜欢吃甜食的孩子，应该着重选择能够预防龋齿的牙膏，例如含木糖

醇的牙膏。如果孩子有牙龈炎，应该着重选择能够预防牙龈出血的牙膏。如果孩子已经出现蛀牙，则应该选择防酸型牙膏。对市面常见的含氟牙膏少年儿童应慎用，学龄前儿童禁用。

其次，摩擦剂的质量是辨别牙膏质量的主要依据，粗糙摩擦剂容易对牙齿造成磨损。因此选择牙膏时，要选择膏体细腻光滑的产品。如果刷牙后感觉粗糙，有像沙子一样的颗粒滞留在嘴里，需要漱口多次的，大多是含粗糙摩擦剂的牙膏，建议立即停用。此外，挤出的膏体应呈圆柱形、有光泽、稀稠适度为好，如挤时费力、膏体稀薄不成条，则说明质量不佳；把牙膏挤在玻璃板上，用手指均匀摊开捻压，或用大拇指与食指捏捻膏体，如有粒状硬质，则为不合格；挤少许牙膏摊开在纸上，从纸的反面观察，如渗水少或不渗水为好。

需要注意的是牙齿状况良好的人无需选择药物牙膏，只需选用普通牙膏洁齿即可，注意科学刷牙其实比依赖牙膏更重要。

101. 能用药物牙膏治疗口腔疾病吗？怎样正确选购药物牙膏？

用药物牙膏治疗口腔疾病其实是一种对药物牙膏的误解。牙膏的功能主要是清洁口腔，市面上的一些药物牙膏确实能起到清热解毒、消炎止血的功效，但是牙膏毕竟不是药，只能起到保健和预防作用，而且也不是人人都适合，有了口腔疾病还应尽早就医。

市面上的药物牙膏可分为防龋、消炎（止血）去除口腔异味、脱敏、去渍与增白四大类。消费者可根据所需的功效选购药物牙膏，但是应该注意以下几方面的问题：

（1）防龋药物牙膏主要是含氟牙膏，水源含氟较低的地区和口腔龋齿较多的患者，适用此类牙膏。但含氟牙膏并非人人适用，少年儿童慎用，学龄前儿童禁用。因为虽然氟对牙齿的防蛀是有效的，但氟有累积性作用，过量的氟积累可能导致牙齿发黑，形成氟斑牙。所以，儿童不适合用含氟量高的牙膏，尤其是高氟地区的儿童更不宜使用含氟牙膏。另外，50 岁以上的人也不宜使用含氟牙膏，因为这个年龄段的人各器官功能降低，容易出现内分泌失调，极易产生骨质疏松症，氟的作用会加剧骨质疏松症的产生。

（2）消炎（止血）去除口腔异味牙膏主要是一些中草药牙膏。这类牙膏因为含有金银花、野菊花、田七、两面针等中草药成分，刷牙时可通过牙龈黏膜的直接吸收而发挥疗效。牙龈肿痛、出血、牙齿松动等牙周病患者适用此类牙膏。

（3）脱敏牙膏主要是含氯化锶、硝酸钾等盐类成分及一些脱敏药物的牙膏，这类牙膏主要用于牙本质过敏［牙齿受到外界刺激，如温度（冷、热）、化学

物质(酸、甜)以及机械作用(摩擦、咬硬物)等引起的酸痛症状,俗称“倒牙”]的人群。其有效成分在降低牙本质敏感的同时,也在一定程度上降低了牙齿对龋病的敏感性,如若长期使用,就提高了患龋齿的风险,因此这类牙膏不宜长期使用,最多连续使用四周。

(4) 有去渍与增白作用的牙膏是在普通牙膏中添加活性摩擦剂和化学成分,以便有效地清除牙面着色。这些化学成分一般为一些过氧化物或一些微酸性的化合物,通过物理摩擦和化学的作用来去渍增白。这类牙膏对牙齿表面暂时性附着的斑渍有一定作用,但对一些顽固性牙渍,如抽烟导致的牙渍,去除作用也不大,对四环素牙、氟斑牙等内源性着色牙基本没什么效果。但是长期使用美白牙膏会令牙齿表面变得粗糙,因此美白牙膏不仅不能长期使用,在一般情况下还应该尽量避免使用。

使用药物牙膏还应注意,长期使用杀菌力强的药物牙膏,不仅会使口腔中的致病菌产生抗药性,而且在抑制、杀灭致病菌的同时,也会抑制、杀灭口腔中的正常菌群,使口腔中的“生态平衡”遭到破坏,引起新的口腔疾病和新的感染。另外,有些药物牙膏中含有生物碱和刺激性强的物质,若长期使用,不但损害口腔内娇嫩的黏膜,还会因长期不断的刺激,使牙龈、口腔、舌头等处发炎而引起牙龈炎、口腔炎、舌炎等,因此药物牙膏不宜长期使用。

102. 香水是如何分类的？怎样选购香水？

香水是以香味为主的芳香类化妆品，其功能是醒脑提神、祛除体臭、保持人体芬芳。通常同一系列的香水可以因酒精和香精的浓度不同而分成几个等级，一般来说，香水有香精、淡香精、淡香水、古龙水、清淡香水五种等级，不同等级的香水其持久性和价钱亦有区别（见表3）。

表3　香水等级分类与特性

等级	香精	淡香精	淡香水	古龙水	清淡香水
持续时间	5 h～7 h	5 h以内	3 h	1 h～2 h	1 h以内
香精浓度	15%～30%	10%～15%	5%～10%	2%～5%	2%以下
酒精浓度	70%～85%	80%以上	80%	80%	80%以下
价格等级	1(最贵)	2	3	4	5(最便宜)

选购适宜的香水产品，不妨考虑以下几方面内容：

（1）看包装。观察包装是否洁净、完整，名称、注册商标、产地等是否一应俱全。

（2）看液体状态。观察香水液体是否透明清澈，有无沉淀、混浊、悬浮物。

（3）看颜色。香水的颜色以黄色、浅黄色及紫

色较多，其他颜色少见些，香水的颜色应该柔和，不应过于鲜艳刺目。

(4) 看密封性。由于香水是易挥发性液体，因而要求有较高的密封性。检验的方法十分简单，靠近未开启的香水瓶试闻一下，应无任何香气。打开香水瓶，再盖严，稍停顿一下，再闻，也应无香气。

(5) 闻香气。香气应该纯正、浓郁、芳香、沁人心脾，没有使人不愉快的刺鼻气味。香气的选择是选购香水最重要的一步。不要直接凑到瓶口去闻，而应在手背上滴 1 至 2 滴，或喷 1 至 2 下，过几分钟嗅闻其香，若香味宜人、感觉愉悦，即说明它适合自己；反之，则应另作选择。也可以闻一下香水的瓶盖，根据个人的喜好与不同用途，来确定所购香水的香型特征。

(6) 选购香水时不要一下子挑选很多种。如果连续试闻三种以上的香味，会使人的嗅觉发生混乱，不能达到挑选香水的目的。

(7) 选购香水要考虑自己的年龄、职业和生活环境。一般而言，青少女宜选购淡雅的香水，中年人不妨选择味道浓郁的香水。如果性格安静平淡，宜购香气清淡的香水；若置于热闹的环境中，应选用香气浓郁的香水。另外还应考虑使用香水的目的，如休闲、社交、居家、旅游等。

103. 什么是精油？什么是精油类化妆品？怎样鉴别真假精油？如何选购精油类化妆品？

精油是从植物的花、叶、茎、根或果实中，通过水蒸气蒸馏法、挤压法、冷浸法或溶剂提取法提炼萃取的挥发性芳香物质。精油的挥发性很强，一旦接触空气就会很快挥发。

精油类化妆品是将单方精油(仅一种植物精油)或复方精油(多种植物精油)用基础油(也称作基底油或调和油，是由各种植物的种子、果实经压榨、萃取的非挥发性油脂，它的主要成分是亚油酸，同时含有丰富的各类维生素等营养物质)稀释后，用于皮肤护理、美体或愉悦身心等功能的一类化妆品。因为纯精油的刺激性十分强烈，直接擦在皮肤上，会造成伤害，所以精油在使用前，一定要先用基础油稀释。常见的基础油的种类包括甜杏仁油、杏桃仁油、荷荷芭油、酪梨油、小麦胚芽油、葡萄籽油等。市面上见到的大多是精油类化妆品，而不是纯精油。

精油鉴别是一项比较复杂的工作，但是也有一些简单方法可用于大致鉴别。

方法一：取一杯水，在水面滴一滴样品。草类精油，一般分子较轻，滴入杯水中会快速扩散，水面会呈现浮油状态；树脂类精油，分子较重，滴入杯水中

可整滴完整的沉到杯底，不易溶于水，虽不溶，但味道已弥漫整杯水了。但花类中比较特殊的洋甘菊，其精油分子也比水重，不溶于水，与树脂类精油类似，会整滴直入水底，看得出晶莹剔透的墨绿色精油珠。

方法二：靠鼻子的嗅觉分辨。纯正100%的植物精油，闻上去味道复杂，说不出明显的香气，每个人对它的感觉都有些差异，且有前味、中味、后味的不同感受，味道有深沉的持续力，而合成的精油就单纯许多，有的味道闻起来比较单一、不复杂，每个人闻起来的感觉大都相同。

方法三：看颜色。以洋甘菊精油为例，不同产地的洋甘菊精油品质不同，气味也大不相同，罗马洋甘味道香且浓郁，呈现深绿色；德国洋甘又名德国蓝甘，它的颜色是深蓝色的，有浓厚的药味。

精油类化妆品的选择，要根据使用者的肤质和使用部位的不同而有所区别，大体来说需要注意以下几方面：

(1) 选择合适的基础油

按照肤质来选：油性肌肤适合甜杏仁油、杏桃仁油、荷荷芭油；干性肌肤适合酪梨油、小麦胚芽油；敏感肌肤适合甜杏仁油；老化肌肤适合小麦胚芽油；皱纹肌肤适合酪梨油；青春痘肌肤适合荷荷芭油。

按照使用部位选择：身体适合甜杏仁油、杏桃仁油；脸部适合甜杏仁油、杏桃仁油、荷荷芭油；局部适合小麦胚芽油、酪梨油。

（2）选择合适的精油类型

按照肤质来选：敏感皮肤适合洋甘菊、橙花、茉莉、橘、丝柏、熏衣草精油；干性、斑点皮肤适合橙花、洋甘菊、玫瑰、伊兰、天竺葵、茉莉、甜橙等温和精油；油性、混合性皮肤适合天竺葵、伊兰、茶树、尤加利、佛手柑、迷迭香、回青橙、柠檬精油。

六、使用保存篇

104. 在开始使用某种化妆品之前首先要注意哪些问题?

消费者在使用某种化妆品之前，首先要检查该产品是否是正规企业生产的合格产品。一个合格的化妆品产品，其外包装上应有明确具体的产品名称、厂名、厂址、生产日期和保质期或者生产批号和限期使用日期、净含量、全成分表、产品标准编号、使用说明、产品质量检验合格证明、生产许可证标志和编号以及卫生许可证号等标识。属于特殊用途化妆品（指用于育发、染发、烫发、脱毛、美乳、健美、除臭、祛斑、防晒类的化妆品）的，还应标注特殊用途化妆品批准文号。因为特殊用途化妆品必须经过卫生部的批准，取得批准文号后才可以生产销售。如果是进口化妆品，则应标注进口化妆品批准文号。当然如果是消费者自己购买产品，在购买时就应注意上述事项；如果消费者是去美容院接受美容服务的，也应当确认一下美容院给您使用的产品是否符合上述要求，并应选择有经营资质、信誉度好、有一定规模的美容院。

在使用任何一种化妆品时，都要注意预防产生不良反应，对于敏感性皮肤的消费者更是要注意这一点。在每次换用新品牌或新产品时，最好先在耳后或前臂内侧试用 3 天～7 天，如无不良反应出现，再大范围使用，这样可以尽量避免出现不良反应。如果在使用过程中万一出现化妆品引起的不良反应，首先要马上停用该化妆品，并尽可能彻底地清除掉残留在皮肤、毛发和指甲上的化妆品，如果情况比较严重的话，应该尽早寻求皮肤科专业医师的诊治。

另外，注意保存好已经开封的化妆品，要注意避免其被污染，最好将其置于阴凉、干燥、清洁、卫生的地方。为了防止化妆品使用过程中的二次污染，取物棒或手指应保持干净，已经取出而未用完的化妆品也不可以再放回瓶内中，每次使用后要将盖子盖紧。

对于自己购买的化妆品，除了要注意保管好购物发票和购物小票之外，在开封使用后还应保留产品的包装盒及产品使用说明书。因为它们不仅是化妆品不良反应诊断机构诊疗所需要的相关资料，也是您向消费者协会投诉或到法院起诉必需的证据。

105. 如何判断正在使用的化妆品是否适合自己的肤质？

要判断正在使用的化妆品是否适合自己的肤质，首先应搞清楚自己的肤质，然后才能根据自己的肤质选择适合自己的化妆品。人体皮肤从外观上

看，可分为干性皮肤、油性皮肤、中性皮肤、混合性皮肤和敏感性皮肤五种类型。

(1) 干性皮肤。干性皮肤的主要表现在于皮肤保水能力不足或皮脂分泌不足，皮肤毛孔不明显，皮脂的分泌少而均匀，没有油腻感，肤色洁白或白里透红，给人一种细腻爽快的感觉。按皮肤保水能力或皮脂分泌能力，干性皮肤又分为缺水型和缺油型两种。缺水型干性皮肤的皮肤保水能力较差，主要特征为皮脂分泌正常，但干燥脱皮，一般表皮较薄，毛细血管明显，皮肤看起来细腻，但手感粗糙。缺水型干性皮肤者应选用保湿性能较强的产品，皮肤状况可有明显改观，而使用油性较大的护肤产品，则容易出现化妆品性粉刺。缺油型干性皮肤皮脂分泌过少，皮脂膜所能提供的防止水分散失的功能不足，主要特征为皮肤外观无光泽、松弛，易出现皱纹。缺油型干性皮肤者如果仅使用单纯的保湿性产品，皮肤外观改善的效果并不明显，而使用油性较大的护肤品后则效果非常明显。干性皮肤的优点在于感觉细嫩，也很少有粉刺的困扰；其缺点在于角质层含水量一般在10％以下，经常受干燥的困扰，经不起风吹雨打和日晒，受环境变化和情绪波动的影响较大，如果不注意保护，容易出现早衰。

(2) 油性皮肤。油性皮肤的外观是毛孔粗大，皮肤纹理明显，皮脂分泌旺盛，皮肤油腻感颇重，较难保持清洁等。油性皮肤的形成原因主要有：① 青

春期皮脂分泌旺盛；② 遗传原因；③ 饮食口味偏重；④ 过多食用辛辣、刺激性食品及油腻食品、肉类等。油性皮肤的优点在于抵御干燥等不良环境的能力较强，不易出现衰老迹象；其缺点是肤色较常人深，为淡褐色或褐色，甚至如红铜色，非常容易受粉刺的困扰。另外，还有一种缺水型油性皮肤，但所占比例较小，一般不超过15%，主要是后天因素造成的，如长期接触酸碱或其他水溶液以及护肤品使用不当等原因。油性皮肤者应特别注意皮肤的清洁，经常清除皮肤上过多的油脂，可以选择洗净力较强的洁肤用品，同时还可使用具有收敛作用的化妆水，注意不宜使用油脂含量较多的化妆品。

(3) 混合性皮肤。混合性皮肤的外观不均匀，一些部位偏油性，一些部位偏干性，其特征主要是额头、鼻翼等部位皮脂分泌比较旺盛，外观油腻光亮；而面颊部位比较干燥，易出现色素斑；眼部干燥，易出现细小皱纹。对于混合性皮肤，要保证皮肤的均衡，应针对皮肤各区所呈现的不同状态，有选择性地使用适宜类型的化妆品。

(4) 中性皮肤。中性皮肤外观介于油性皮肤和干性皮肤之间，是最理想的皮肤类型，其主要特征是皮肤光泽、透明感强、光滑细腻、富有弹性，但皮肤状况容易受季节变化影响，夏天趋于油性，冬春季趋于干性。中性皮肤是一种正常、健康和理想的皮肤，但也不是不需要护理，中性皮肤者可依季节的变化和

个人爱好选用适宜的各类化妆品。如夏季宜用清爽型的化妆水与乳液等，而冬季可改用油分较多的化妆品。实际生活中，这种类型的皮肤很少，一般只有儿童才可能拥有中性皮肤；在人进入青春期后，由于内分泌的影响，皮脂腺分泌变得旺盛，大部分人的皮肤偏油性；当人逐渐进入老年时，由于皮脂腺和汗腺的分泌活动减弱，皮肤一般偏干性。

(5) 敏感性皮肤。敏感性皮肤的皮肤神经非常敏感，毛细血管比较脆弱，对外界环境变化比较敏感，对外界某些物质的刺激容易激发自身的保护性反应，出现红肿、疼痛等病理变化。一般来说，敏感性皮肤的角质层细胞排列存在一定缺陷，一些物质很容易透过角质层刺激内部神经末梢而产生过敏反应。敏感性皮肤应慎用化妆品，尤其是某些对皮肤刺激性大的产品，如去角质类的、含果酸的等。

另外还需要注意的是，每个人的皮肤类型并非是一成不变的，而是会随着人的年龄、季节变化、生活习惯的改变而改变，应该根据现在的肤质选用适宜的化妆品。化妆品只是改善皮肤现状的辅助用品，并不能从根本上改变皮肤类型。

106. 如何根据气候的变化选用不同类别的护肤品？

一年四季气候条件不同，而不同的气候会导致人体皮肤状态出现变化，因此，选择护肤品的时候应充分考虑季节气候的变化，并根据季节气候的变化选用不同类别的护肤品。

春天温暖多风，人的皮肤纹理由紧缩而开始舒展，皮肤的末梢血管血液供应量增加，皮脂腺和汗腺分泌增多，这时正是护肤的好季节。春天也是细菌和病毒容易大量繁殖和传播的季节，容易诱发传染性疾病及皮肤疾患。同时春天又是春暖花开、百花齐放之时，鲜花的花粉容易致使一些皮肤敏感的人产生过敏反应，出现皮炎、湿疹等。这些因素都会给皮肤带来不良影响，易引起过敏性皮炎、麻疹和粉刺的发生。春天护肤要注意皮肤的清洁，每日至少要洗脸 3 次，宜选用刺激性较小及香料含量少的清洁用品，用温水彻底清洗。洗脸后可使用有杀菌作用的护肤品。此外，常沐浴对皮肤的保养也十分有利，入浴时要彻底清洗膝盖与肘部等关节，浴后按摩脸部及四肢，可令皮肤润滑。年轻人面部的粉刺虽然四季均可能发生，但在春天有加重的趋势。因此，易患粉刺的年轻人在春天中应尽量保持精神舒畅并戒烟忌酒，注意保持面部清洁，用洗面奶洗脸去污，以清除堵塞毛孔的垢渍。切忌用不洁的手指去挤压粉刺，以免引起感染。

夏季皮肤容易失去平衡，往往中性的皮肤都会变成油性或干性。这时应根据季节的变化来调整自己的美容护肤品，以使自己的皮肤得到最佳的保护。一般夏日的紫外线较强，对皮肤构成的威胁最大，它

会使皮肤角化失去弹性，造成早衰，还能引起黄褐斑和日光性皮炎。因此夏天外出时，最好戴帽打伞，同时脸上或暴露部位涂些防晒霜或乳液，能有效地抵御紫外线对皮肤的伤害。夏季花露水也常用作消毒杀菌剂，它由约3%的香精和70%的酒精及适量的水分组成。在洗脸水、浴水、卧室、客厅或身上喷洒些花露水，不仅能除臭去汗、杀菌止痒，还能健脑提神。此外，夏季在清洁皮肤后，还可以适量地扑些爽身粉或痱子粉，它们都具有凉爽、止汗、止痒的作用。

由于秋天早晚温差大，忽冷忽热的天气使皮肤抵抗力下降，易遭细菌感染，因此，秋季护肤首先要着重洁肤，并首选杀菌力强、清洁效果好、弱酸性的洗面奶。其次，要兼顾早晚温差，白天应使用夏季清爽防晒的保养品，诸如各种防晒霜、润肤蜜；晚上应选用滋润保湿护肤品，比如晚霜、营养霜等。因秋天天气干燥，皮脂腺的油脂分泌减少，水分蒸发较快，脸部易出现紧绷的感觉，所以在秋季要重视肌肤角质层的保湿护理，尽量不要使用含酒精的化妆水、保湿乳。另外到了秋天，人们往往忽略了紫外线的存在，其实，初秋的紫外线仍相当强烈，这个时期皮肤更容易受到日照伤害，而且晒黑的皮肤一般不容易消褪，其原因是天气转凉，皮肤的新陈代谢也开始变得缓慢，因此这时出门还应擦防晒霜。

冬天气温低、湿度小，皮肤会因汗腺、皮脂腺分泌的减少和失去较多的水分而变紧、发干。因此，在冬季进行美容护肤更为重要。冬天在外出前，应在外露的皮肤上涂些油性润肤膏，尤其在嘴唇部位要使用护唇膏。尽量减少用热水洗脸的次数，每天1次～2次即可，少用脱脂性强的洗涤用品洗脸。宜经常按摩面部皮肤，以促进血液循环，每周可使用1次～2次润肤补水面膜。冬天在洗脸后，应涂上富含油脂的护肤品，如手足皮肤出现裂口，可以涂一些防裂油膏。

107．各类护肤品每次的合适用量是多少？

当我们在选择好合适的护肤品后，如何才能让护肤品起到更好的护肤作用呢？这就需要科学正确地使用护肤品了，其中每次使用的量尤其重要，因为护肤品用量直接决定护肤效果。对于大多数护肤品来说，都有一个合适的用量范围，并非是越多就越好。一般在每种产品的使用说明中，都会给出建议的使用量，下面举例说明各类护肤品的合适用量。

（1）清洁用品。皮肤护理的第一步是用清洁用品来清洁皮肤，清洁用品用量的多少会直接影响皮肤的状况。用量太少会洗不干净，用量太多会破坏皮肤的皮脂膜，同时残留的表面活性剂会刺激皮肤。因此清洁用品的使用量应根据自己的肤质、产品的成分和性质来调节。例如含皂基的乳霜状洗面奶清洁力和除油效果较强，用量过多会破坏皮肤的皮脂

膜，造成皮肤紧绷甚至干燥起皮，较适合油性肌肤的人使用。通常乳霜状的洗面奶挤出 2 cm～3 cm 即可，在手心打出丰富泡沫再清洁面部；比较温和的洁面摩丝一般使用量为按压到底泵出 3 次的量；不发泡的洁面乳一般需要 3 mL 左右，能正好在全脸涂开为宜。清洁用品使用时应根据自己的感受适当调整，清洁面部时能保证产品覆盖全脸并且不会滴落，在脸上打圈 2 min～3 min 也一样顺畅并且没有干涩感，这样的用量就是最适合你自己的。

（2）化妆水和润肤乳液。这两种产品是清洁皮肤后用于给皮肤补水和调节皮肤状态的，肌肤只有保持水油平衡才能保证后续保养品的有效吸收，因此用量要足够多。化妆水和润肤乳液的用量应该在 3 mL～4 mL，能够湿润整个脸部，使用后脸部应感到很滋润，但是不能有多余的水分。带有去角质功能或有酒精成分的化妆水应该用化妆棉轻擦，一定要避开眼周，而不含酒精的高机能化妆水建议用拍打的方式加强毛孔的吸收。

（3）面霜和防晒霜。面霜具有滋润肌肤的效果，其使用量以可均匀涂满整个面部而又不会感觉到非常油腻为宜，被吸收后皮肤应感到很滋润。一般每次用量约 1 g～1.5 g，即一颗蚕豆粒大小就足够了，如果是特别干燥的肌肤，可适量增加用量。如果是油性肤质，应注意不要使用太多富含油脂的面霜，否则容易引起粉刺或使粉刺更加恶化。防晒霜

由于要达到较好的防晒效果，因此使用量要略大于面霜。但由于防晒霜中添加了大量的防晒剂，也不宜使用太多，否则容易刺激皮肤。

（4）眼霜。眼霜主要用于眼周皮肤的护理，可紧致眼周皮肤以减少皱纹，通常含有较多的营养物质。由于眼周皮肤很薄，几乎没有毛孔，眼霜使用过多会加重眼周皮肤的负担，造成脂肪粒出现。使用眼霜一般每次一只眼周的用量应为一粒大米的大小，啫喱状的清爽型眼霜可适量多一点，而质地较油腻的眼霜则应少一点。

（5）精华液。精华液中营养物质和功效成分的浓度很高，因此其价格也很贵。不管是不是肌肤状况很差，建议都不要把精华液当化妆水用。因为人体皮肤的主要功能之一是对内部器官起到屏障保护作用，在短时间内能吸收营养物质和功效成分的量是很有限的。全脸涂抹上厚厚的精华液其实并不能达到更好的效果，可能反而会进一步加重肌肤的负担并造成损伤。想要维护好皮肤的状态，达到更好的护肤效果，更重要的是持续、固定地使用适合的精华液。精华液要根据产品说明书指定的用量来使用，一般来说每次使用量，啫喱质地的约为倒入掌心中平铺约 1 cm 直径硬币大小的量；乳液质地的精华液或精华原液用滴管滴 4 滴～6 滴即可。

（6）面膜。面膜是一种集清洁、护肤和美容为一体的多用途化妆品，涂敷在面部皮肤上，经过一定

时间干燥后，在皮肤上形成一层膜状物，或将浸润了面膜液的无纺布直接贴在面部，将该膜揭掉或洗掉后，可达到洁肤、护肤和美容的目的。在敷用非片状的面膜时，厚度很重要，至少要保证能够完全覆盖全脸的皮肤，最好能有 1 mm～2 mm 的厚度才能充分发挥作用。而在敷用有无纺布的成型面膜时，需要将包装袋内的面膜液全部挤出倒在面膜贴上，应注意一个成型面膜只能使用一次。

（7）卸妆油。卸妆油主要利用其乳化作用来卸去彩妆，如果用量太少，就不能充分乳化导致卸妆效果不好。卸妆油的使用量可以按照彩妆的浓淡来定，但有一个基本的准则，就是卸妆油在面部摩擦的时候，要能够感到手指在皮肤上的移动很平滑，而不是觉得涩涩的。一般卸妆油的一次用量约为 2 mL～3 mL，如果是按压式包装，一次的用量应为按压2 次～3 次为宜，如果不是，则要使用倒入掌心中平铺约 2.5 cm 直径硬币大小的量。

108. 每次化妆前应按什么顺序使用各类护肤品？

现在市售的护肤品种类很多，令人眼花缭乱，面对一大堆的瓶瓶罐罐不知道该先用哪一个，因此搞清楚各类护肤品的正确使用顺序是非常有必要的。虽然护肤品使用顺序错误不会对肌肤造成多大的伤害，但会使护肤品的使用效果大打折扣，造成时间和金钱的浪费，只有按照正确顺序使用才能使它们发挥最佳的护肤效果。一般来说首要的原则就是要先用清洁用品清洁皮肤，然后才能再用其他护肤品保养皮肤，这一点相信大家都知道。那其他护肤品又按什么顺序使用呢？其他护肤品的使用原则就是容易吸收的、清爽的先用，不易吸收的、油性大的后用，另外含有功效成分的也要先用，免得不利于功效成分的吸收。第三个原则是完成皮肤护理后，最后才使用彩妆产品。

简单地说，护肤品白天使用的顺序是：

第一步，清洁。用洗面奶、洁面泡沫或洁面霜等彻底清洁肌肤，洁面时最好再辅助按摩。

第二步，调节皮肤状态。使用爽肤水或者柔肤水，最好是用化妆棉轻轻擦在皮肤上，然后用手轻拍至吸收。

第三步，均衡滋润。使用润肤乳液滋润肌肤，给皮肤补充水分。润肤乳液的质地尽量清爽、温和，也可以直接使用下一步骤的精华液。

第四步，眼部护理。由于眼部是面部皮肤最薄的地方，并且没有汗腺，所以眼霜或眼部精华一定要用于面霜之前，以防止产生油脂粒。使用眼霜或眼部精华时可用手指或化妆棉将其均匀地涂在眼周肌肤上，并由外眼角到内眼角轻轻地按摩，这样既能有助于眼霜或眼部精华更好的吸收，又可以有效地促进眼部血液循环。

第五步，深度滋养。根据自己的肌肤状况选择相应的精华液，或使用有功效的产品如祛斑、祛痘等产品，这时皮肤经过前面的清洁和调节步骤后有利于营养物质和功效成分的吸收。

第六步，防护。也就是使用日霜、防晒霜或隔离霜。面霜能在皮肤表面形成一层油性的疏水膜，为皮肤提供进一步的保护，特别是在干燥的季节，面霜可以防止水分流失，让肌肤变得水嫩滋润。另外在紫外线比较强烈的夏季或初秋季节，防晒霜和隔离霜都是必不可少，它们可以为肌肤提供全天候的保护。

如果在做完上述的护肤步骤后需要化妆，可接着使用粉底液、腮红、口红等进行化妆。

护肤品夜晚使用的顺序与白天基本相同，如果白天面部化了彩妆的话，则需要先使用卸妆油将彩妆完全卸去。晚间应使用含有更多滋养成分的晚霜代替日霜，并且不需要再用防晒霜或隔离霜。

109. 如何正确使用保湿化妆品？

正确的保湿观念是必须由内层到外层，层层照顾到。由内而外，依序需要适度的清洁（避免使用过度刺激的清洁用品）、充足的水分（例如刚洗完脸后使用化妆水或保湿凝胶），以及适当的油分（使用润肤霜、营养霜、乳液）。

补水和保湿是美容中两个不同的概念。补水是直接补给肌肤角质层细胞以所需要的水分，滋润肌肤。保湿则是在防止肌肤水分的蒸发、滋润肌肤的同时，改善微循环，增强肌肤湿润度。在护理皮肤时，通常是先补水再保湿，先用补水精华给皮肤充分补水，深层滋养，然后再根据自己皮肤的性质来选择使用保湿乳液（中性、油性肌肤）或乳霜（干性皮肤），巩固形成肌肤保护膜，锁紧水分。

为使保湿取得更好的效果，在选用保湿化妆品时，要做到因人、因环境、因季节、因工作而异。油性保湿化妆品，可适用于秋冬季时皮肤较干燥的干、中性皮肤的青年人，也适用于从事经常接触化学类、有机溶剂类物质的职业者，以及长期在空调环境下工作的人群；而水性保湿化妆品，较适用于春夏季以及在污染环境下的工作者。

当然，保湿化妆品外观、色、香还要符合自己的喜爱，手感要好，无油腻以及黏滞感，同时要注意其有效期和有无自己过敏的成分。

110. 油性皮肤和“痘痘一族”需要保湿吗？

油光满面的人，常嫉“油”如仇，拒含油保养品于千里之外。事实上，油性皮肤的人不一定就不缺水，因此，根据皮肤状况适时调整所用的保湿产品，还是很有必要的。油性皮肤在护肤上应以“控油”为重点。例如，秋冬季气候干燥，这时要多用去油紧肤

水,它既可以收缩毛孔,又可以给皮肤补充水分,同时还可以抑制油脂分泌。

对于“痘痘一族”,首先应该彻底清洁肌肤,保持面部的清爽。在皮肤变干燥或脱皮时,也可视情况使用乳液加强保湿。在选择保湿化妆品的时候也要选用温和的产品,以免刺激皮肤引发新的痘痘产生。

111. 如何正确使用美白祛斑化妆品?

美白祛斑化妆品的作用主要包括减少色素沉积,使已存在的黑色素脱色或防止新的黑色素形成,增加皮肤代谢作用,使失活表皮及时剥离或脱落。具体来说,包括以下四方面:

(1) 抑制黑色素:即阻断性美白。可抑制黑色素的生成,具有很强的淡斑功效,如含麴酸、熊果素等的产品。

(2) 截堵黑色素:可抑制黑色素从黑素细胞转运到角质细胞,如含维生素 B_3 的产品。

(3) 淡化黑色素:即还原美白。皮肤变黑产生斑点,本身是肌肤氧化的过程。而我们熟悉的维生素 C 及其衍生物便是坚强的抗氧化小卫士,它能把已经发生的氧化过程再还原回去,抑制黑色素的氧化反应,让肌肤逐渐透白。

(4) 代谢黑色素:即代谢美白。剥落肌肤过多的角质层,把黑色素从皮肤上带走,如含果酸、水杨酸 A 醇等的产品。敏感肌肤要小心采用这种剥落

角质的美白方式，要注意与保湿、防晒产品结合使用。

美白祛斑化妆品大致有以下几种：

(1) 美白的开始——美白洁面乳

使用兼具美白、清洁功效的洁面产品，每天早晚各一次，温和地洁净皮肤表层，使肌肤洁净而有光泽。

(2) 美白周护理——美白面膜

美白面膜可以舒缓肌肤，帮助肌肤去除老死角质，加速表皮细胞的更新，并让肌肤在放松的状态下更好地吸收美白营养成分。

(3) 让肌肤水当当——美白爽肤水

洗脸后 1 min 内，是使用爽肤水的最佳时机，它能使肌肤内的含水量瞬间提高。取适量的爽肤水，擦拭肌肤并轻轻拍打，利于肌肤的快速吸收，并迅速打开肌肤的美白通道。

(4) 日夜滋养修护——美白日/晚霜

美白日霜可减少皮肤被太阳照射后所产生的各种有害影响，防止紫外线导致肤色改变。美白晚霜可以舒缓、安抚受伤害的肌肤，并为肌肤提供深层的滋润和美白营养，晚霜最好在晚上 10 点前使用，晚上 10 点至次日 2 点是人体新陈代谢最为活跃的时段。

(5) 多方位隔离与保护——美白隔离霜

美白隔离霜可隔绝外界环境对肌肤的各种伤

害，保护肌肤免受外界刺激，特别对于年轻肌肤而言，越早开始护理，越能为肌肤储蓄美白资本。

112. 不同年龄段美白护理的重点有何不同？

（1）肌肤年龄18岁以上

护理重点：亮白滋养，均匀肤色。

对于尚未出现老化迹象的皮肤而言，此时的肌肤一般会比较健康，因此，人们希望的是皮肤色泽更加水润、白皙。在这一年龄阶段，建议除日常基础护理外，再添加使用滋润型美白精华，选择温和、滋润、轻薄的质地，还原美白本质。

（2）肌肤年龄25以上

护理重点：美白密集修护，抑制斑点的形成＋肌肤抗氧化。

这一阶段的皮肤开始从年轻走向成熟。由于生理的变化，对已出现皱纹、松弛等老化迹象的皮肤，应使用具抗自由基和老化修复作用的减缓衰老产品；除了保持肌肤滋润和营养之外，还需选择多方位的美白产品，明亮肤色，去除暗沉，使肌肤恢复清透。

（3）肌肤年龄35以上

护理重点：多方位美白＋提升肌肤细胞活力。

这一阶段的皮肤更加成熟，出现比较明显的衰老迹象，长期色素的沉积让色斑越来越明显，皮肤因缺乏活力而显得暗沉无生气，简单的美白护理已达

不到快速透白亮肤的效果。因此多方位美白的同时，建议使用增加皮肤弹性和紧实度的产品，促进胶原蛋白的合成，提升皮肤细胞活力，激活皮肤的健康状态。

综上所述，美白也是一个由内而外的系统护理工程。应根据自己的肤质、根据不同的季节，选择适合自己的美白产品。理论上最好是使用同一品牌同一系列的产品，这样可以防止不同美白成分互相冲突产生的不良反应。

此外，在美白的同时应注意预防为主，多效合一。一年四季都要做好防晒护理，使肌肤免受紫外线的伤害。如果做不好防晒，即使再努力美白也只是事倍功半。

113. 抗衰老有哪些有效手段？

"抗衰老"是所有女人保持美丽的第一秘诀，别以为那只是上了一定年纪的女人的专利，随着环境污染、不良习惯、精神压力等因素的影响，尤其是那最最致老又恰恰最难以逃避的光老化——紫外线的侵袭，肌肤的衰老也在加速，因此，"抗衰老"是女人自20岁起就应该开始的毕生事业。

真正的抗衰老作用是使再生和退化的平衡恢复到正常状态，即增加胶原和弹性蛋白的合成。大量证据显示，有四类物质对延缓皮肤衰老有作用，其中包括鳄梨油和豆油的非皂化物、维生素A的衍生

物、α-羟基羧酸及芦荟提取物。使用含有上述这四种物质的抗衰老化妆品是行之有效的手段之一。此外，还包括以下几方面：

(1) 饮食手段：远离刺激性的食物，亲近维生素。戒烟少酒，饮食限量，多果多水。

(2) 运动手段：科学合理有规律地定量运动。科学合理，即选择运动项目要适应自身身体素质状况，而且运动量要达到一定水平。更重要的是要持之以恒，有规律地锻炼身体。

(3) 心理疏导：保持心理平衡，心情愉快，心地善良，宽厚待人，起居有序。

(4) 晚间可以开始使用促进细胞代谢及中和自由基抗氧化的产品，会令皮肤重现光泽和恢复活力。

(5) 避免过度频繁更换护肤产品及使用成分不明的产品。因为不良的美容习惯是造成皮肤敏感的主要原因之一，而经常发生过敏现象和用药也会加速皮肤老化。

(6) 有效地防晒和保湿。长时间暴露在阳光下，不仅影响皮肤的生物学过程，而且会加速皮肤的衰老。水分的丢失是皮肤衰老的主要表现之一。因此，在日常的护理中，注意隔离 UVA 和 UVB 紫外线，以及有效地保湿都能防止皮肤老化。

114. 如何正确使用生发、育发化妆品？

生发化妆品是指有助于毛发生长，减少脱发和断发的化妆品。在我国生发化妆品也称为育发化妆品。生发、育发化妆品具有促进头皮的血液循环、提高皮肤功能、营养发根、防止脱发、去除头皮和头发污垢、去屑止痒、杀菌、消毒等作用，能保护头发、头皮免遭细菌的侵袭。

头发脱落或损失几乎是每个人都会遇到的问题。脱发可分为暂时性脱发和永久性脱发两种。暂时性脱发大多由于各种原因使毛囊血液供应减少，或者局部神经调节功能发生障碍，以致毛囊营养不良，但无毛囊结构破坏，所以，经过治疗新发还可再生，并恢复原状。永久性脱发是因各种病变造成毛囊结构破坏，导致新发不能再生。

由于社会生活节奏快、压力大，脱发患者不断增加而且有向低龄化发展的趋势，头发是人类美容的第一要素，年纪轻轻就顶着个光头，实在是有损形象，对自信心更是个极大的打击，还会影响到职业选择、婚姻、甚至前程。因此育发、生发化妆品也越来越受到人们的欢迎。由于每个人脱发原因各有不同，因此在使用生发、育发化妆品的过程中要注意以下几点：

(1) 每个人的健康状况、头发营养、脱发原因不同，因此在选择生发、育发化妆品时要因人而异。

(2) 在使用生发、育发化妆品时要尽量避免吃一些刺激性的食物(如烟、酒、咖啡、辣椒等)，多吃一些含铁、钙、锌等矿物质和维生素 A、维生素 B、维生

素C以及含蛋白质较多的食品，如含有丰富蛋白质的鱼类、大豆、鸡蛋、瘦肉等，以及含有丰富微量元素的海藻类、贝类和富含维生素B_2、维生素B_6的菠菜、芦笋、香蕉、猪肝等都对保护头发、延缓老化有好处。

(3) 在使用生发、育发化妆品时不可以进行染发、烫发。染发、烫发会影响头发的正常生长，稍不留意还会伤及头皮，对头发有很大的影响。

(4) 在使用生发、育发化妆品时最好配合这些产品经常按摩头皮，这样可以改善头皮营养，调节皮脂分泌，促进头皮血液循环，增进局部的新陈代谢。

(5) 正确选用对头皮和头发无刺激性的天然洗发剂。

(6) 保持心理健康，每天焦虑不安会导致脱发，心理压抑的程度越深，脱发的速度也越快。

(7) 充足的睡眠可以促进皮肤及毛发正常的新陈代谢，而代谢旺盛期主要在晚上特别是晚上10点至凌晨2点之间，这段时间睡眠充足，就可以使得毛发正常新陈代谢。反之，毛发的代谢及营养失去平衡就会导致脱发。

(8) 必要时咨询一下医生的建议，包括自己头发的健康度、脱发原因的诊断等。如果使用生发、育发化妆品后出现过敏、异常，一定要立即停止使用并联系医生商讨应对方案。

115. 如何正确使用脱毛化妆品?

脱毛剂是一种不需要利用剃刀或电动剃刀脱毛器而能除去皮肤上柔毛的化妆品。脱毛剂包括拔毛剂和化学脱毛剂,其中,拔毛剂包括脱毛蜡和贴布;化学脱毛剂主要是添加了化学物质(如巯基乙酸)的脱毛膏(乳)或脱毛粉等。

脱毛剂已经成为爱美人士脱毛的良好工具,特别是在夏天为了向人们展示其美丽的一面,很多女士都选择使用脱毛化妆品,其中大部分都是使用化学脱毛剂。化学脱毛剂对皮肤完全不产生任何不良反应的可能性是很低的,其对皮肤的刺激作用与其所含活性物质的浓度、pH 值和接触时间有关,使用者的个体差异性也很大,因此在使用的过程中要注意以下几点:

(1) 每个人肌肤的健康状况、皮肤质量、敏感程度都不同,所以用同一款脱毛产品后产生的结果也不同。使用前最好在手臂等皮肤上小面积试用,12 h 后没有过敏、不适的症状再正式使用。使用时应先将皮肤清洗干净,以减少刺激。

(2) 早上睡醒时,皮肤往往比较浮肿;经期前及行经时,女性对痛楚比较敏感,皮肤状态不稳,皆应尽量避免脱毛。此外,糖尿病、坏血病、皮肤病及静脉曲张患者等,均不宜脱毛。

(3) 拔毛后毛囊与皮肤的角质层会一并脱落,

皮肤表面保护机能随之下降，故不宜立即晒太阳。拔毛过程中表皮瞬间充血，容易敏感，也应避免进一步刺激皮肤。

(4) 化学脱毛剂中的化学成分对皮肤有刺激，频繁使用或敏感皮肤使用会造成红肿过敏，甚至发生皮疹，敏感体质的人更应慎用，生理期不宜使用。

(5) 经常使用化学脱毛剂者使用频率不宜太高，最多每2周使用1次。

(6) 使用拔毛剂拔毛要注意后期的护理工作。

(7) 脱毛剂不能用在敏感部位。脸部、阴部等部位皮肤比较细嫩、敏感，受到刺激可能导致红肿、发炎，一定要注意。

(8) 必要时咨询一下医生建议。包括自己皮肤的健康度、敏感度的诊断等。如果使用脱毛剂后出现过敏、异常，一定要立即停止使用并第一时间联系医生商讨应对方案。

116. 如何正确使用染发、烫发类化妆品?

染发剂是一种可以改变头发颜色的化妆品，分为暂时性染发剂、半永久性染发剂和永久性染发剂。暂时性染发剂的颗粒较大，不能通过表皮进入发干，只是沉积在头发表面上，形成着色覆盖层，因此，只需要用洗发水洗涤一次就可除去头发上的着色；半永久性染发剂中的染料分子相对分子质量较小，能渗透进入头发表皮，并部分进入皮质，使得它比暂时性染发剂更耐洗发水的清洗，一般洗涤6次～12次才褪色；永久性染发剂是一种氧化型染发剂，由于染料大分子被封闭在头发纤维内，因此在洗涤时，不容易通过头发纤维的孔径被冲洗掉，使头发的色调有较长的持久性。

烫发剂是将天然直发或卷发改变为另一种发型的化妆品。一般烫发剂都是两剂组合，即软化剂和定性剂，其中定性剂又分为双氧水、溴酸钠和硼酸。目前市面上的定型剂大多数都为双氧水和溴酸钠。

在当今追求时尚和潮流的社会中，上了年纪的人为了遮盖白发而染发，潮流青年男女展示个性而把头发染成彩色和烫发，染发、烫发类化妆品的使用极为普遍。由于染发、烫发类化妆品可以深入头发表层，其中的有害成分对头部的伤害是无法避免的。因此在追求时尚与潮流的同时，掌握正确使用染发、烫发类化妆品的常识，就可以把伤害降到最低。

染烫剂接触皮肤，其中的有机物质通过头皮进入毛细血管，然后随血液循环到达骨髓，长期反复作用于造血干细胞，可能导致造血干细胞的病变和白血病的发生。因此使用染烫剂应注意以下几点：

(1) 染烫发前，必须在小范围的局部皮肤做皮肤过敏试验，无过敏反应方可应用。有化妆品过敏史以及患过变态反应皮肤病，如接触性皮炎、药物性皮炎、湿疹、荨麻疹等病的人，染烫发要特别谨慎。这些病发作期间不要染烫发。如果这些皮肤病是在

头、面部，更不可染发。无论用何种染发剂都必须先洗头。头发洗得越干净，染烫发效果就越好。

（2）染烫发前，要检查头皮有无破口或疖疮，如有，不要刷染。染发时也要小心，不要梳破头皮。染发过程中禁用手指搔抓头皮，以防抓破头皮后染发剂进入皮肤被吸收致中毒。

（3）操作时，最好戴上手套，药剂勿沾到脸部及颈部，最好在这些部位先涂些起保护作用的冷霜。

（4）勿染烫眉毛及睫毛，药液勿掉入眼睛内，以免刺激眼睛，引起眼病。

（5）染烫发频率不可过高，以间隔 3 个月为宜。

（6）未成年人不宜染烫发。青少年正处在发育期，染烫发会影响头发的正常生长，稍不留意还会伤及头皮。

（7）孕期与哺乳期妇女不宜染烫发。此时她们的头发脆弱、易脱落，染烫发会加剧头发脱落，且染烫剂属化学品，对胎儿及婴儿不利。

117. 如何正确使用美乳类化妆品？

身体的曲线美是女性健美的重要标志之一。人们的审美标准随着时代在不断地变化，对乳房的审美亦是如此。进入 21 世纪，人们对乳房的美学标准描述已经比较具体，即：丰满、挺拔、匀称、柔软且富有弹性。现今有些女性常常为自己胸部平坦而焦虑，或因自己乳房大小不一或缺陷而自卑。为使女性保持胸部的青春健美，增添女性的风韵与魅力，20世纪80年代我国化妆品生产企业相应地推出了各种美乳化妆品。

美乳化妆品是指以女性乳房健美为目的的皮肤用化妆品，我国将其列为特殊用途化妆品，需要在卫生部申请特殊用途化妆品批准文号后才能生产和销售。美乳化妆品（以美乳霜为例）一般由膏体基质、营养成分及美乳添加剂组成。膏体基质中含有油分、水分及保湿剂；营养成分包括水解蛋白、各种氨基酸、维生素及一些营养性油脂，能及时为乳房发育提供所需养分，增加脂肪量；常用的美乳添加剂有激素、植物有效成分及生化制剂，可以激发脑垂体及性腺的分泌功能，提高体内雌性激素水平，促进乳房发育，防止乳房松弛下垂。

使用化妆品美乳是一种较为安全、简洁、实用的方法。市场上美乳化妆品琳琅满目，怎样正确使用美乳产品以达到预期的效果非常重要。做到正确使用美乳类化妆品要注意以下几点。

（1）在选购美乳化妆品时，要注意其包装上有无标注国家卫生部特殊用途化妆品批准文号。美乳产品有美乳霜、美乳凝胶、美乳油等，其中美乳霜是美乳化妆品的首选，因为霜剂产品便于使用和贮存，涂布性能好，附着性强。

（2）使用美乳产品时应熟读产品说明书，了解产品的性能特点、使用方法、注意事项等，严格按照

其使用方法和操作规程使用。

(3) 使用美乳霜时最好先用热毛巾敷两侧乳房,促进血液循环,然后再涂抹适量的美乳霜,四指合并,以掌心及指腹包覆胸部外缘,由下往上滑动的同时,将腋下赘肉往内拨,注意按摩力度不能太大,按摩直到保养产品完全吸收。美乳产品配合按摩手法使用能更好地达到美乳效果。

(4) 美乳化妆品仅对乳房部位有作用,因此不要用于身体的其他部位,以免造成不良的效果。

(5) 美乳产品有特定的使用对象,并不是任何人都适合。美乳产品的使用对象包括乳房平坦、微小、发育较差的女性;乳房大小不一,乳头有缺陷的女性;乳房萎缩、松弛、下垂的女性。要注意的是,正值青春期的女性,由于身体仍然处在发育阶段,因此不要使用美乳化妆品。

(6) 美乳化妆品不能过量过多次数的使用,最好一天早晚使用两次,使用两个月后应停用一个月再使用。在选择胸部保养品的时候,应尽量避免长期使用含激素类的产品,最好选择以植物萃取液为主要活性成分的产品。因为使用含雌性激素的美乳化妆品在使乳房增大的同时也会有一些副作用,例如会引起子宫内膜过度增生,导致月经期延长、月经量增多,甚至出现月经不调、面部色素沉着、黑斑、皱纹、色斑和皮肤萎缩变薄、容貌早衰,扰乱肝脏酶系统,诱发胆囊炎、胆结石等。

最后要注意，丰胸不是短时间内就能够见效的，千万不要急于求成，以免对身体造成伤害。

118. 如何正确使用健美类化妆品？

健美化妆品是有助于使体形健美的化妆品，又称为减肥产品。肥胖是当今社会的一大通病，是随着社会的进步、物质供给的丰富和优裕的生活环境而带给人类的一种病态体征。肥胖已被公认为21世纪危害人类健康的大敌。据报道，目前世界人口中体重超重者已近40%，其中女性与男性比例约为7：3，且在少年儿童中，肥胖儿业已超过20%。因此，国内外都在积极研究如何防治肥胖症，健美化妆品正是适应这一形势应运而生的。

目前我国市场上的健美化妆品有减肥香皂、减肥沐浴液、减肥凝胶、减肥乳液和减肥霜。其中以减肥霜的效果较好，它多在膏霜基质中加入具有减肥降脂、健身健美的天然植物精华，经皮肤吸收后，活性成分渗透到脂肪组织，可引起一系列酶的改变，加速脂肪分解，促进脂肪代谢，从而达到减肥的目的。健美化妆品（以减肥霜为例）的使用要注意以下几个方面：

（1）要让减肥霜中的有效成分深入作用于皮下脂肪层，每周一至两次选择最佳时间在身体局部涂擦，同时做局部按摩，促进血液循环，使之渗入皮肤角质层，如果能在使用前用干式按摩则更有效。

① 清晨起床时，是人体机能最旺盛的时刻，新陈代谢速度也比较快。在出门前先冲个热水澡，身体还有温度的时候，在需要塑型的部位加强按摩，可以让血液循环更好、新陈代谢更快，再以按摩的方式涂抹上减肥霜，能让纤体效果事半功倍。

② 晚上回家后，如果在沐浴后趁着身体还很热的时候做一回全身按摩，在需要瘦身的部位如上臂、腰腹部、臀部、大腿等处重点按摩，可以加速血液循环和新陈代谢，之后再涂抹减肥霜，可令瘦身效果更明显，且不容易反弹。

③ 运动锻炼时，身体新陈代谢加快，身体皮肤内的脂肪球会变小，因此在运动前先涂抹一层减肥霜，可以使身体迅速、彻底地吸收减肥霜中的有效成分，令瘦身效果发挥得淋漓尽致。

（2）一般来说，减肥霜在使用后几分钟内就会起效，并可以持续数小时，平均有效作用时间为 2 天左右。减肥霜里含有的咖啡因可以使脂肪细胞将贮存的脂质排出，进入血液循环后，将其消耗掉。当然，还是有一部分游离的脂肪还需要通过运动来消耗，所以要想达到最好的减肥效果，在使用减肥霜的同时还需要配合相应的运动。

（3）动物试验表明，减肥化妆品中活性成分的吸收量随温度的升高而加大。因此使用减肥霜时可以用热毛巾热敷身体需减脂肪的部位，然后再涂抹减肥霜。温度升高可以令皮肤的毛细血管扩张，微循环功能加强，从而吸收更多的活性成分，更好地发挥减肥产品的效果。

（4）在选择减肥化妆品的时候，应注意选用那些经临床验证疗效高的化妆品，如使用 1 个月后无明显减肥疗效，应停止使用。同时还需注意化妆品应无刺激气味，质地细腻，用后皮肤无过敏反应。

（5）夏日经常需要清除体毛，在使用除毛膏或剃毛刀前后，都不适合使用纤体产品，否则容易引起过敏，红肿受伤的脆弱部位同样也不适合使用。

119. 如何正确使用除臭类化妆品？

除臭类化妆品是指以防止或消除令人不快的体臭为目的的化妆品。体臭包括腋臭、汗臭、足臭、口臭等，是由产生臭气的“皮肤常在菌”与“汗液”作用而形成的。

人的全身布满了汗腺，不时分泌汗液，以保持皮肤表面的湿润并排泄废弃物。每个人汗液分泌的情况不同，同一个人也因食物、运动、精神状态、外界环境以及分泌部位的不同而变化。例如有些人的腋窝下的汗腺异常，常排出大量的黄色汗液，发出一种刺鼻难闻的臭味，尤其在夏季、气温高、汗腺分泌旺盛时，臭味更为明显。因为这种臭味类似狐狸身上所发出的臊气，所以人们称它为“狐臭”。因为“狐臭”的刺鼻气味使人感到特别的厌烦，闻到这种气味的人大多掩鼻远离。这样就给有“狐臭”的人造成很大

的心理负担并有自卑感，从而影响工作、学习以及交际。根据统计欧美人士有狐臭者高达80%，而东方人较少，约10%。东方人虽"狐臭"体质较少，但很多人闻之色变，令当事人尴尬无比。近年来世界范围内除臭类化妆品的研究与开发进展迅速，各种品牌类型的除臭类化妆品层出不穷，为有体臭的人解决了尴尬的问题。

目前除臭类化妆品除含有除臭剂外，一般还含有收敛剂、杀菌剂等抑汗和除臭成分。除臭剂是利用化学物质与引起臭味的物质发生反应达到除臭目的。收敛剂的主要作用是消除或制止汗液的过量排出，间接防止体臭。杀菌剂是以抑制或杀灭寄生于腋窝等皮肤部位的细菌而达到防臭、除臭目的。目前我国还有以藿香、木香、丁香、荆芥、蛇床子等中草药为原料制成的天然除臭类化妆品。

和其他特殊用途化妆品一样，除臭类化妆品所含的成分可能对皮肤产生过敏或其他不良反应，甚至还可能有毒副作用，在选购和使用时应注意以下几点，以防产生不良作用。

(1) 选购时，要注意化妆品包装是否完好，有无异常气味和性状改变，如膏霜类产品有无油水分层、气泡等。

(2) 注意看产品的成分标识，看看有没有自己过敏的物质。

(3) 应尽量选用知名度较高的产品，通常身体

的同一部位最好不要同时使用不同厂家的产品。如果把不同厂家、不同品牌、不同品种的产品混合使用，其中的化学成分和药物成分可能发生相互作用，造成皮肤的过敏反应或引起皮肤病。

(4) 当选择不了解的新产品时，最好选择小包装，一旦发现不适合，可及时更换。

(5) 使用前应先在自己的前臂内侧皮肤上做一下简单的皮肤试验，观察局部是否出现红肿、水疱等过敏现象，如局部出现异常则应避免使用该产品。

(6) 使用时应严格按照说明书进行，必要时候小面积、局部使用，不能全身大面积涂抹。

(7) 要针对身体的不同部分使用不同的产品，例如用于除腋臭的化妆品不能用于足部，一般在腋下宜使用不会滴流的走珠式除臭剂，在其他部位如背、颈、膝弯内侧则可使用喷雾式除臭剂。

(8) 不要与人共用产品，因为每个人的肤质都不同，共用容易引发皮肤疾病。

(9) 皮肤有损伤的部位不要使用。有的人错误地认为止汗露既然能止汗，那么肯定也会使伤口变得干爽而加速愈合，所以有时会在皮肤尚未愈合的伤口或渗液上也喷洒上一点，孰不知这不但不能促进伤口痊愈，相反止汗液里的化学成分还可能通过皮肤伤口进入人体，引起继发感染或加重病情。

(10) 除臭类化妆品一天内使用次数不宜过多，因为夏季大量出汗是人体对气温偏高所做出的一种

主动的温度调节，蒸发的汗液不仅可以带走体内的热量，同时还能将体内新陈代谢所产生的毒素排出体外，此外汗液能在体表和皮脂混合形成乳状皮脂膜，对皮肤有滋润和保护作用。如果长期或过多、频繁使用止汗露，人为抑制出汗，则可能造成汗腺导管堵塞，代谢废物不能正常排出，皮脂膜对皮肤的保护作用缺乏，排泄物对皮肤持续刺激而出现汗斑、皮肤红肿、瘙痒等症状，严重的还会引发毛囊炎。补喷止汗产品时，最好先用面巾纸轻压拭干汗液，再补用一点即可。

120. 如何正确使用防晒类化妆品？

过去人们认为，太阳中的紫外线照射人体能消毒杀菌，使皮肤中产生维生素 D，有益于身体健康，皮肤被晒黑被誉为“健康美”。然而近年来皮肤科学研究证明，日光曝晒是使皮肤老化的重要因素之一，强烈的紫外线照射还可能引起皮肤癌症，因此太阳照射对人体的作用是弊大于利。特别是由于工业污染物如氟氯有机物（CFC）和其他挥发性有机化合物的排放使臭氧层减少，照射至地球表面和人类皮肤上的长波紫外线（UVA）增加。Cabrini 医学中心的资料表明，大气层的臭氧量每减少 1%，皮肤癌患者会增加 4%～6%。根据 Henderson 报道，在英国，1993 年时 1 500 名儿童中有 1 人患黑素瘤，而现今，每 90 名儿童就有 1 人患黑素瘤。基于这种新的认识，近年来，国际市场上防晒类化妆品的发展和增长速度较快，出现了各种各样的防晒类化妆品，对紫外线照射的有害作用进行全面的防御。

防晒类化妆品能否有效抵挡紫外线，保护皮肤不受伤害，除产品品质外，是否被正确使用是其发挥作用的又一重要前提。因此我们在使用防晒类化妆品时应注意以下内容。

(1) 掌握正确的涂抹方法。首先涂抹在两颊骨骼突出的地方，这里容易晒到太阳，也最容易长斑。使用中指和无名指轻柔地由内向外涂抹，太用劲可能造成皱纹产生。鼻子容易油腻，用量越少越好，由上往下轻轻带过，鼻翼部分容易堆积，应使用粉扑用按压方式涂抹。以画圆的方式来涂抹下巴，另外脸部与颈部相连的位置及颈部也需要用粉扑轻轻搽上。眼部下方不能忘记，从眼头往眼尾方向按压式涂抹，用中指和无名指腹轻轻按压。细微的地方，比如发际线、嘴角都是容易忽略而且容易堆积的地方，要用粉扑轻轻按压。

(2) 防晒类化妆品的 SPF 值越高，防晒效果越好。一般日常护理、外出购物、逛街可选用 SPF 5～8 的防晒用品，外出游玩时可选用 SPF 10～15 的防晒用品。游泳或做日光浴时可选用 SPF 20～30 的防水性防晒用品。当日光照射时间超过有效防晒时间应及时补充涂抹。

(3) SPF 值不能累加。涂两层 SPF 10 的防晒

霜，只有一层 SPF 10 的保护效果。

（4）不可临出门才涂防晒霜。防晒霜跟一般的护肤用品一样，需要一定时间才能被肌肤吸收，所以应在出门前 10 min～20 min 涂抹。

（5）防晒霜并不是涂上就有效，而是要达到一定量才能发挥效应。通常防晒霜在皮肤上涂抹的量为每平方厘米 2 mg 时，才能达到应有的防晒效果。

（6）不同肤质的人应选择不同的防晒用品。油性肌肤宜选择渗透力较强的水性防晒用品；干性肌肤宜选择膏霜状的防晒用品。

（7）防晒霜不能在上妆前使用，应在使用了护肤用品后再涂抹。

121. 眼部化妆品有哪些？

眼部化妆品的作用是涂敷在眼睛周围（眼皮、睫毛、眼皮下边缘和眼眉等），产生阴影和各种色调，显示出立体感，使眼睛显得更突出，具有生气和活力，更加传神，有如画龙点睛的作用。眼部化妆品可分为以下几类。

（1）眼影制品（eye shadow）。眼影制品是涂在眼睑（即眼皮）和眼角上，产生阴影和色调反差，显示出立体美感，强化眼神，使眼睛显得更美丽动人。眼影粉饼（eye shadow cake）是最流行的眼影制品。眼影粉饼多数是将各种色调的粉末在小浅盒上压制成型后，将 4 色调、6 色调、8 色调，甚至 12 色调并装于一小化妆盒内，携带和应用很方便。眼影膏是将颜料粉体均匀分散于油脂和蜡基的混合物或乳化体系的制品。一般将混合物铸型于浅盘上进行包装，可用手指或特制海绵刷等工具涂擦。眼影膏不如眼影粉饼流行，但其化妆的持久性较好。眼影膏多数为无水型，适用于干性皮肤。

(2) 睫毛制品(mascara)。睫毛制品主要的作用是使睫毛着色，使之具有变长和变粗的感觉，以增强眼睛的魅力。睫毛制品包括睫毛饼、睫毛膏和睫毛液等。睫毛饼现已不流行，常用的睫毛制品为液状或膏状，并内置小毛刷或小细棒等用具。

(3) 眼线制品(eye liner)。眼线制品是涂于眼皮下边缘，沿上下睫毛根部，由眼角向眼尾描画的美容化妆品。眼线制品也是突出和强化眼睛的魅力，赋予感情化的一种用品。市场上销售的眼线制品有固态(眼线饼和眼线笔)和液态(眼线液)两种。

(4) 眉墨(eyebrow pencil)。眉墨是供眉毛整形用的制品，在用剃刀、镊子等将眉毛整形后，再用眉墨画出自己喜欢的眉形，可使眉毛显得浓厚、明亮。最常用的眉墨制品是纸捲笔芯、木质铅笔式或自动铅笔式的眉笔，也有粉饼式眉墨和液状眉墨。

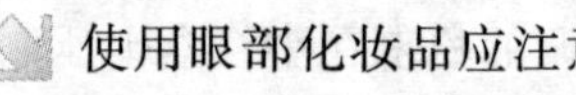

122. 如何正确使用眼部化妆品?

使用眼部化妆品应注意以下几点：

(1) 一旦有刺激感，立刻停止使用。如刺激持

续存在，应立即去看医生。

(2) 手部有细菌，如接触眼睛将有引起感染的可能，因此眼部化妆之前必须洗手。

(3) 确保您所用的任何用于眼部化妆的器具都是清洁的。

(4) 不要让眼部化妆品被灰尘覆盖，或被泥土、污垢等污染，及时用湿布擦洗容器上可见的灰尘或脏物。

(5) 不要用陈旧的眼部化妆品。如果已经几个月没用，最好丢掉它，再买新的。

(6) 不要把口水弄进眼部化妆品中，口腔中的细菌会在其中生长，以后当您使用时就可能引起感染。

(7) 不要与其他人共用眼部化妆品，以免造成交叉污染。

(8) 不要将眼部化妆品保存在 40 ℃以上环境中，如长时间放在高温的汽车内，容易发生变质。

(9) 如果眼部或周围皮肤有炎症时，不要使用眼部化妆品，待痊愈后再用。

(10) 您如果有过敏史，使用眼部化妆品时更要特别小心。

(11) 无论在使用或卸除任何眼部化妆品时，都要小心不要擦伤眼球或其他敏感区域。

123. 什么是粉底？它的主要作用有哪些？

粉底主要是在使用其他美容化妆品前涂抹在皮肤上，可预先打下光滑而有润肤作用的基底。它有助于粉剂黏着于皮肤，也作为皮肤保护剂，可防止因环境因素（如日光或风）所引起的伤害作用。粉底不油腻，涂于皮肤上无光泽，在皮肤表面能形成一层半封闭性的薄膜，其他美容化妆品均易于覆盖其上。粉底具有优良的外观和稳定性，不仅含有润肤剂，而且还可能含有防晒剂。目前市面上销售的粉底产品一般分为：粉底液、固体膏状粉底（粉棒、粉底膏、粉条）、固体粉状粉底、粉饼以及散粉、蜜粉、定妆粉、碎粉。

粉底主要有保护和修饰两大作用：

（1）保护作用：一是保持湿润。裸露的皮肤在空气中容易丧失水分，不少粉底添加了润肤成分，涂抹后会在皮肤表面形成坚韧的保护膜，阻止皮肤水分流失。二是帮助肌肤抵抗外界刺激。涂抹粉底如同给皮肤穿上防护外衣，可抵抗如尘土、花粉和絮状物等引起的皮肤过敏或损伤，以及冷热空气造成的脸红现象。三是防御紫外线和辐射。对粉底而言，无论是否有标注 SPF 值，粉体的粉质颗粒对紫外线都有隔离和反射作用。

（2）修饰作用：一是调整肤色，让肤色显得均

匀、细腻、柔软、有光泽并适当遮瑕。二是改善肤质。好的粉底的确能帮助恢复皮肤的质地，这对中年以上的女士尤为重要。三是打造面部立体感，这是对底妆的深度要求，需要经过专门的学习和练习，配合使用两到三种颜色的粉底。

124. 如何正确使用粉底？

选择粉底首先要考虑产品是否适合自己的肤质。一般来说，干性肌肤最好选择易溶于油、不易溶于水的油性产品，油性粉底通常是膏状、乳霜状或较浓稠的乳液状。可在手背上试用，然后沾上水，不容易化开的为油性产品。油性肌肤适宜使用控油的粉底，多为液状。控油的粉底液大都不防晒，它有粉底的润色效果，但质地清爽轻薄，挥发性油剂挥发后只留下薄薄的粉雾。

其次要考虑自己的肤色。粉底按照人体肤色分为不同的颜色，要选择与自己肤色相似颜色的粉底，这样才会显得自然。

第三要选择具备高亲肤性、高服贴性并具有强化光线折射因子功能的产品，这样才能在自然妆感与完美遮瑕上取得最佳平衡。

125. 什么是彩妆？彩妆类产品都包括哪些？

化妆作为一门“美”的艺术，是为了改变形象，使

自己的脸部更漂亮，更令人关注或者是更突出自己的特点。彩妆是一个很大的概念，包括生活妆、宴会妆、透明妆、烟熏妆、舞台妆等，首先应按照要出席的场合确定一个适宜的基调，然后再根据自己的肤色、脸型和所预想达到的效果进行化妆，可以说每次化妆就是一次艺术创造的过程，真正的彩妆是要靠化妆师的手加灵感创造出来的。

彩妆类产品主要指粉底、口红、眼影、胭脂等有颜色的化妆品，主要用于在面部进行修饰，以“扬长补短”，达到美化的效果。目前市面上销售的彩妆类产品主要包括以下几类：

（1）粉底。主要用于对皮肤颜色的调整，有紫、绿、粉红等多种颜色，产品可分为液状、膏状、乳状、条状、块状、粉状等，下面举例说明：

粉底液：属于液态粉底，油分含量非常少，是所有粉底中质地最轻薄的，遮盖力较差，适合一般淡妆时使用，呈现自然透明的感觉。

粉底露：属于液态粉底新产品，含油量非常少，妆感会比较自然，属性跟粉底液类似。

粉底霜：透明液状，透气性佳，是对皮肤负担较轻的粉底，但是相应的遮盖力较差。粉底霜又可细分为油性、水性、中性，若是油性肌肤者使用，应选用水性或中性的粉底霜。

粉底膏：含油脂量较多，遮盖力也比粉底霜强，适合春秋季或是皮肤有瑕疵、黑斑的干性皮肤者

使用。

遮瑕膏：是一种特别浓缩的粉底，黏性强、质地浓厚，专门用于遮盖脸部黑斑、伤痕、胎记或有红血丝浮现处，也可以使凹陷处或颜色较暗的部位变明亮。

水粉饼：混合了粉底霜和粉，适合油性肤质者夏天使用，能使底妆较不容易脱落，具有耐汗、耐水、耐油脂、抗紫外光辐射的特性，适合新娘妆、舞台妆，可擦于易出汗的颈、背以及手臂上，使用时具有清凉、干爽的感觉。

两用粉饼：具有多项功能，可沾水或不沾水使用，能让化妆比较持久，长时间不脱妆。但是像这一类的产品，不建议干性皮肤的人使用，因为它比较容易造成干涩紧绷的不舒服感，两用粉饼一般比较适合在简易补妆时使用。

修容饼：有深色及浅色两种，浅色的修容饼是使用在脸部T字部位（包括额头、鼻梁、下巴以及鼻翼两侧的部位），能产生立体的效果。深色的修容饼是使用在颧骨、下颊骨部位，能产生收缩脸型的效果。使用修容饼做过修饰后，脸部五官可以更加立体。

蜜粉：松散粉末状，使用粉扑沾取或利用蜜粉刷沾取使用。它的作用是用来固定粉底，避免脸部反光，可以让妆容不容易脱落，也可以使皮肤看起来比较细致轻柔。

（2）腮红。包括腮红饼、腮红膏和腮红笔等。

腮红可以使脸色看起来红润、健康。腮红的色系从橘色、粉红到桃色，可以配合口红色彩来做出最好的修容效果。腮红膏是近年来流行使用的新产品，它可以使腮红效果更加持久，适合于性皮肤的人使用。通常腮红膏是在使用粉底之后涂抹，再加上蜜粉与腮红粉，可以增加腮红的持久度并使之看起来更自然。腮红笔则像铅笔状，功能与成分和一般的腮红类似。

(3) 眼影。包括眼影粉、眼影膏和眼影笔等。眼影粉是目前使用最为普遍的一项产品，色彩比较丰富，附着力好，容易涂抹，用眼影刷或眼影棒沾取使用。眼影膏含油脂成分较多，比较容易附着在皮肤上，易上色、好推匀，使用时以指腹轻推擦匀即可。使用眼影膏之后再叠上眼影粉可以让眼妆更持久。眼影笔形如铅笔，比较适合小面积的涂抹，缺点是使用之后会有干涩紧绷感。

(4) 眼线类用品。包括眼线笔、眼线饼和眼线液等。眼线笔形如铅笔，将笔尖削尖或削扁使用，较容易描绘出自然柔和的线条，比较适合初学者使用。眼线饼如水粉饼一般，可沾湿后沾取使用。眼线液中含有胶状物成分，有防水的效果。

(5) 睫毛类用品。包括睫毛膏、睫毛胶等。睫毛膏可以让睫毛加长，使眼睛看起来更大和更加明亮有神。目前较为常见的是乳霜状或液状的产品，使用时大多借助刷毛或刷棒。现在大部分睫毛膏中

都会添加3%～4% 的天然或合成短纤维，可以增加睫毛长度与浓度。睫毛胶的作用是黏贴假睫毛。因为睫毛胶直接接触眼睛部位，所以在品质上要相当注意，另外在选购睫毛胶时需注意沾黏性，黏度太强或不够都不行。

（6）眉毛类用品。包括眉笔、眉粉等。眉笔用于描绘眉毛，使用前先将笔心削尖或削扁，这样画出来的眉毛形状会比较流畅。眉粉形如粉饼，可使用眉刷沾取轻刷于眉毛上，它可以补足眉笔颜色不均匀的缺点。

（7）唇部用品。包括唇膏、唇彩、唇釉、唇蜜、护唇膏和唇线笔等。唇膏有多种色彩的选择，可以增加唇部的色彩变化，美化唇部。唇彩油亮晶莹的质感可以增加脸部的立体感和唇部的丰盈、透明滋润与光泽感，使用唇彩之后，再使用一层唇釉可以增加唇彩的持久度。唇釉大部分是透明的产品，可以增加唇部的光泽度。唇蜜内含有油脂的成分和细微亮粉，可以让唇部闪闪动人。护唇膏富含油脂，可以保持唇部光泽，防止唇部干燥、脱皮，在涂抹唇膏之前使用，有保护唇部的作用。唇线笔可用来修饰唇部轮廓，让唇型轮廓更明显和突出。

（8）指甲油。用于涂抹在指甲上，可增添足部或手部的特殊风采，最近几年指甲彩绘也相当流行。

126. 如何正确使用彩妆类产品？

使用彩妆类产品应注意以下几点：

(1) 由于彩妆类产品很多是用于眼部和唇部等敏感部位的，对产品质量的要求较高，因此一定要选用质量有保证、口碑好的产品，避免因使用劣质产品导致皮肤过敏等不良反应。

(2) 由于彩妆类产品很多是有颜色的，其中大多添加了易造成皮肤过敏的化学颜料或染料，因此在化彩妆前一定要先进行皮肤护理并使用隔离霜，在不需要彩妆时要及时卸妆，避免易致敏物质长时间接触皮肤。

(3) 在使用彩妆类产品的过程中，应在清洁干净的环境中取用产品，化妆用的器具和工具也必须时刻注意保持清洁卫生。

127. 日霜和晚霜有何区别？可以混搭使用吗？

部分消费者在选择护肤品时从来不留意区分日霜和晚霜，她们觉得日霜和晚霜都属于护肤霜，实在没有必要分成早晚两类使用，但这种想法是完全错误的。因为按照使用的时间、环境和所要达到效果的不同，护肤霜被设计成日霜和晚霜两种不同的产品，其配方中所含有的成分也有很大的区别。总的

来说，日霜偏重于隔离效果，而晚霜则把修护和滋养当成第一要务。

白天因为要外出，人体皮肤处在较恶劣的环境中，这时它最大的敌人就是阳光、灰尘或其他污染物对它的侵蚀。其次，化妆时使用的彩妆对皮肤也有一定的不利影响。所以这时候的皮肤最需要的是能很好地隔离这些“敌人”的保护层，以对肌肤起防护作用，让肌肤可以得到最好的呵护。日霜的功能除保湿、滋润、修护外，最大的功能就在于可以防御环境（如紫外线辐射、空气污染）对肌肤的伤害。从现在市售日霜的成分看，许多都含有防晒剂或紫外线过滤剂，注重防护、隔离功能，适合在白天出门前使用。

根据科学研究表明，晚上 10 点至凌晨 2 点这段时间是皮肤细胞生长和修复最旺盛的时段，皮肤细胞分裂的速度比平时快 8 倍左右，这时皮肤对护肤保养品的吸收率特别高，因此正是对皮肤进行护理和修复的最佳时机。晚霜正是根据这一特点进行设计的，其中富含营养和功效成分，以满足人体皮肤细胞的需要，加速皮肤细胞的新陈代谢，滋养肌肤，让肌肤变得更加有弹性和更加细腻。看市面上销售的各种晚霜的名称如深层滋润晚霜、全效修护晚霜等就足以说明晚霜的多效功能了，这时如果使用日霜则很难达到同样的效果，而且日霜中含有如防晒剂或紫外线过滤剂等功效成分，晚间使用还容易造成皮肤过敏。

由此可见，日霜和晚霜一定要分开使用，混搭使用不仅不利于皮肤的保养，有时反而还可能带来反面效果，尤其是超过 25 岁的女性更应特别注意。因为女性一旦年龄超过 25 岁，皮肤就开始走下坡路，如果此时不加以特别保养，就很容易加快皮肤衰老的速度。此外，如果皮肤太油，在较热的天气或季节条件下，可以不使用晚霜。如果发现皮肤比较干燥，也可以适当涂些清爽型的晚霜。日霜和晚霜都应在洗完脸后涂抹，如果是晚霜还可在洗完澡后，趁皮肤略湿润时使用，因为这时肌肤的血液循环好，保养品的吸收效率也更高。

128. 如何正确使用夜间护理品?

晚上 10 点以后人体的新陈代谢速度逐渐减缓，白天紧张缩闭的毛孔逐渐张开，有利于肌肤汲取营养，此外，晚间没有紫外线辐射和污染等各种外界不良因素的侵害，肌肤能集中地进行内部更新和优化，这时候是美容护理的“黄金时间”，因此应把握这一有利时机进行肌肤护理。

(1) 选用适宜的夜间护理产品。

虽然说并没有哪种保养成分必须要在睡着时用才有效，但有些功效成分例如维甲酸及其衍生物，在白天强光的照射下其刺激性会变强，易造成光敏感，因此含有维甲酸及其衍生物的护肤品还是建议最好

晚上使用。另外含有抗氧化成分如维生素C、维生素E等物质的护肤品，由于维生素C、维生素E在日光及空气中较易变色并失去活性，为了提高产品的抗氧化效果，应在睡前使用会更好，并且一旦开封应尽快用完。

（2）深层清洁，为肌肤排毒。

夜晚皮肤的毛孔逐渐张开，屏蔽功能相对减弱，使得更多的有害物质有机会得以趁虚而入。因此在进行任何护理之前，一定要将皮肤彻底地清洁干净。选择卸妆油或卸妆液清洁肌肤后，还应再使用温和的洁面乳，完成“二次清洁”，将之前的卸妆油和残留在肌肤表面的彩妆一并洗去。

（3）深度保湿，基础修护。

因为“缺水”是皮肤在夜间面临的最大问题，睡前应给肌肤补充充足的水分，健康和中性肌肤通常选择保湿修护晚霜就足够了。如果觉得肌肤太干，可以加大柔肤水的用量，然后再用保湿晚霜。晚霜中的油溶性成分容易溶解在毛孔的皮脂内，在皮肤的深层迅速扩散开来，广泛被肌肤细胞吸收。

（4）面膜保养，为肌肤充电。

使用各种纸面膜和啫喱状面膜都能带来滋润保湿的效果，除了成品面膜，你也可以用面膜纸和爽肤水、保湿营养液（或乳液）自制面膜。将面膜纸放在手心，倒适量爽肤水或营养液将其完全泡湿伸展，然后敷在脸上。在使用面膜后的12 h内，肌肤的状态应该说是非常好的。如果第二天有重要的活动要参加,可以使用面膜及时改善自己的皮肤状况。通常做完面膜后,建议也要使用晚霜,用其中的油分将面膜中的营养成分"锁"在肌肤里面,减少流失。

(5) 精华素,让熟龄肌肤驻颜。

精华素是为成熟肌肤而设计的,精华素应在用爽肤水调肤后使用,它的营养和功效成分的含量要比晚霜高,其渗透性和功效都高于晚霜,所以选择精华素后就可以不必再使用晚霜或面膜了,精华素涂抹的厚度以能让皮肤透气为原则。其次,使用精华素时可在脸部血管丰富的地方如眼周、鼻周和嘴周轻轻地按压,让血液循环加快,使营养和功效成分得到更好的吸收。

129. 如何实现干净快速卸妆?

化妆不仅可以让人看起来更加美丽动人,提升自信心,在社交场合也是一种礼貌,更是女性应对生活的一种积极态度。因此,化妆日益成为现代女性生活中不可或缺的一部分,但是彩妆产品的主要功能是遮盖、美化皮肤,如果卸妆不彻底,化妆品长时间残留在皮肤上,就会造成毛孔阻塞,影响皮肤正常的新陈代谢,甚至引起痤疮、色素沉着等问题。因此,彻底地卸妆对于保持皮肤的健康是十分重要的。

(1) 卸妆产品的选择

选择卸妆产品应考虑下列三个因素:

①自己皮肤的性质。首先要弄清楚自己的皮肤是干性、中性、油性还是混合性，是不是敏感性肤质。干性皮肤应选择较为滋润的清洁产品，如清洁乳、清洁霜；油性皮肤应避免质地油腻的清洁产品；敏感性皮肤应该选择性质温和的产品，避免使用快速的卸妆法，如卸妆巾、快速卸妆液及免洗卸妆产品。只有清楚了解自己的皮肤性质才能有针对性地选择合适自己的卸妆产品。

②需要卸的妆是淡妆还是浓妆。化妆时根据需要可能是清新的淡妆，也可能是浓妆艳抹，去除淡妆只需要清洁力较弱的卸妆产品，就能有效地彻底卸妆，应避免过度清洁，以免破坏皮肤的皮脂膜和损伤角质层；去除浓妆则需要清洁力较强的卸妆产品，否则清洁不彻底，仍有化妆品残留在皮肤上，同样会对皮肤造成伤害。

③卸妆产品的类型。如今，卸妆油、卸妆水、卸妆霜、卸妆乳、卸妆巾等各种各样的卸妆产品真可谓不胜枚举，它们在成分、质地、功效等方面都有很大的差异。卸妆油可以溶解脸上的污垢，再通过以水乳化的方式，彻底溶解彩妆，适合卸浓妆。但使用时应注意保持面部和手部的干燥，避免卸妆油未溶解彩妆就先被乳化，影响其清洁能力。卸妆水其实所含成分并非全部是水，事实上卸妆水还是通过产品中的表面活性剂成分与皮肤上的污垢结合，达到快速卸妆的目的。相比其他卸妆产品，卸妆水中的大

量水分可以保持肌肤的含水量，令肌肤清爽水嫩。卸妆霜的质地相对较厚，一般可以用来较为全面地清除彩妆，对皮肤的滋润作用最强。但千万不能把它们当成按摩霜使用，那样只会把已清除出来的彩妆污垢，又让皮肤给吸收了回去，产生相反的效果。卸妆乳的质地更加轻薄清爽，有轻微的滋润效果，适用于缺水性皮肤以及中性皮肤者使用。

(2) 卸妆的方法及注意事项

① 卸妆的顺序：先卸眼部及唇部的彩妆，然后是眉毛，最后是整个面部。

② 卸妆手法要轻柔，避免过度摩擦损害皮肤。

③ 快速卸妆产品使用简便，但敏感性皮肤应慎用，以免引起皮肤刺激和过敏反应。而且卸妆应以干净彻底为目标，不要一味追求快速。

④ 使用卸妆产品卸妆后，最好再用性质温和的洗面奶清洁一次，以达到彻底的清洁效果。如果洗脸后 10 min，面部皮肤无紧绷感，摸起来清爽不油腻，说明卸妆适度而干净，所选择的卸妆产品是恰当的。

130. 化妆品使用不当会导致皮肤发生何种不良反应？一旦发生应如何处理？

化妆品不良反应一般是指人们日常生活中由于使用化妆品而引起的皮肤及附属器官的不良反应。引起化妆品不良反应的原因大概有以下几种：

① 化妆品使用不当。如某些使用者可能会根据别人的使用经验或者自己另辟蹊径改变化妆品本来的使用方法、使用频率、使用部位等，或由于化妆品的选择不当，选择了并不适合自己皮肤类型的化妆品，从而引起不良反应。

② 化妆品品质不好。譬如产品本身刺激性大，易致敏、致粉刺或某些禁限用物质超标。这些产品往往缺乏严格的检验，甚至有些是“三无”产品，这时会有较多的使用者出现不良反应。

③ 消费者对化妆品中某些特定物质敏感。这与使用者自身的体质有关，这种不良反应只在个别使用者身上出现，而对于大多数人来说仍是安全的。

使用化妆品可能出现的不良反应主要表现在皮肤或黏膜上，具体表现有：

① 刺激性反应：出现时间较早，一般于使用化妆品后短时间内出现，可表现为轻微的刺痛、瘙痒、皮肤发红等，如继续使用部分反应可消褪，但也有可能逐渐加重。如果产品刺激性较强，例如产品 pH 值极低或极高，类似强酸强碱，则可发生刺痛、发红、渗液、糜烂等严重反应。

② 过敏性反应：出现时间较晚，通常在使用数次或数天后出现，表现为皮肤刺痛、瘙痒、灼热、红斑、水肿、丘疹、干燥脱屑等，继续使用可加重。

③ 色素改变：包括色素减褪、色素沉着等。

④ 粉刺、痤疮：部分产品可能具有一定的致粉刺性，或者使用者的皮肤类型为易生粉刺型，导致使用后粉刺、痤疮加重。

⑤ 其他反应：如毛发损害、指（趾）甲损害、唇炎等。

使用化妆品的目的是为了使皮肤更加健康和美丽，因此应尽量避免不良反应的发生。首先要弄清楚自己的皮肤是干性、中性、油性或混合性，是不是敏感性肤质，从而根据自己的皮肤类型选择合适的化妆品。其次，应该从正规的渠道购买合格的化妆品，不要购买来源不明、标识不标准或不清楚的化妆品。另外，关注化妆品的成分，尤其是常见的致敏成分或功效成分，如果含有已知自己过敏的物质的产品就不要冒险使用了。

如果已经出现了不良反应，该如何处理呢？

① 首先应立即停止使用所有可疑化妆品，并用清水冲洗，轻微的反应通过停用可以自行好转，千万不可认为这是化妆品起作用的表现而继续使用。

② 如反应较严重，或停用后反应仍然不能消褪，则应及时就医，进行正确的诊断和治疗，不要自行处理、乱涂药膏或其他化妆品，避免处理不当造成二次伤害。

③ 记住引起不良反应的化妆品类型及成分，避免再次接触。

131. 各类化妆品的保质期分别是多长?

产品的保质期是指产品在正常条件下的质量保证期限,它是生产企业对流通期内产品质量功效的保证与承诺。产品的保质期由生产者提供,标注在限时使用的产品上。在产品的保质期内,生产企业对该产品质量符合有关标准或明示担保的质量指标负责,销售者可以放心销售这些产品,消费者可以安全使用。

对于化妆品产品来说,我国与化妆品相关的大多数国家标准或行业标准中规定:在符合规定的运输和贮存条件下,产品在包装完整和未经启封的情况下,保质期按销售包装标注执行。而且标准中同时规定了各类产品的运输和贮存条件。因此,目前国内生产的化妆品产品,其包装上标注的保质期是指化妆品在未开封状态并储存于适宜条件下的保质期。国产的彩妆和护肤品保质期一般定为从生产日期开始计算起为期三年,也有一些具有特殊功能的和含特殊活性成分的产品除外,如某些眼霜和安瓿瓶装的精华保质期只有一到两年。北美及欧洲部分地区生产的化妆品,是以开封日为标准来计算保质期限(具体见产品瓶身的标识)。另有部分欧洲地区生产的化妆品,既标示了开封后保质期,也标示了未开封情况下的保质期(通常也为三年)。日本生产的化妆品,一般不标示生产日期和保质期限,只标注批号。

132. 化妆品在使用的过程中应如何存放?

保质期内的合格化妆品在未开封状态并储存于适宜的条件下,内在品质是有保证的。一般化妆品在不开封的情况下,保质期是 2 年～4 年左右,各种化妆品保质期略有差别。但是一旦开了封开始使用,化妆品的状态就容易发生较大的变化,保存期也会大大缩短,其主要与化妆品本身的品质和特性、保存的环境条件和消费者的使用习惯有很大的关系。为尽量避免化妆品在使用过程中变质,应注意以下几点:

(1) 各种化妆品都有一定的使用期限和贮存方式,开了封的化妆品最好按照产品上注明的贮存要求,存放在洁净、避光、阴凉、干燥和通风的环境中。

(2) 化妆品外盖内有一层小的保护内盖,在拧紧外盖后可以起到防止空气进入、减少活性成分的氧化和流失的作用,开瓶后不应立刻丢弃,应坚持长期使用。

(3) 使用化妆品时,应该在较为洁净的环境中,用干净的棉棒、小勺等挑出,而不要直接将手指伸入瓶中取用,以免造成瓶内的化妆品污染变质。

(4) 每次使用时用多少取多少,多取出的部分不应再放回瓶中,以免污染。用完后注意时刻将瓶盖拧紧,以避免细菌滋生。

(5) 对于已开封的化妆品,请尽快使用。一旦

发现在用的化妆品有变色、变味、分层等异常现象应立即停止使用,以免因使用变质化妆品导致面容受损或皮肤过敏。最好的办法还是少买少囤积,因为即使买了很多,你最常用的也仍是那几个。

目前化妆品生产企业很难向消费者保证开封后的使用期限,主要是因为虽然开封后化妆品的保质期与产品的配方有关,但是在使用过程中二次污染的程度却很难估计。因此养成良好的使用习惯和妥善的保管使用中的化妆品非常重要,有助于延长开封后化妆品的使用期限。化妆品在使用的过程中,随时可能被微生物、灰尘等污染,或是由于氧化造成变质,因此,对于一般性的化妆品,建议消费者最好在开封后的一年内使用完;对于富含营养成分及涂抹于易敏感部位的化妆品,如眼霜和眼部精华等产品,建议在几个月内使用完。另外,由于夏天温度高,湿度较大,最适合微生物的生长繁殖,化妆品更容易变质,因此夏季开封使用后的化妆品最好不要长久存放使用。

附录

与化妆品有关的我国标准和ISO国际标准目录

	标准编号	标 准 名 称
我国标准		通 用 标 准
	GB 5296.3—2008	消费品使用说明 化妆品通用标签
	GB 7916—1987	化妆品卫生标准
	GB 7919—1987	化妆品安全性评价程序和方法 化妆品安全性评价程序和方法
	GB/T 18670—2002	化妆品分类
	GB 23350—2009	限制商品过度包装要求 食品和化妆品
	JJF 1244—2010	食品和化妆品包装计量检验规则
	QB/T 1685	化妆品产品包装外观要求
	SB/T 10181—1993	化妆品商品储藏技术
		产 品 标 准
	QB 1643—1998	发用摩丝
	QB 1644—1998	定型发胶
	QB/T 1645—2004	洗面奶(膏)
	QB/T 1857—2004	润肤膏霜
	QB/T 1858—2004	香水、古龙水
	QB/T 1859—2004	香粉、爽身粉、痱子粉
	QB/T 1862—1993	发油

	标准编号	标 准 名 称
我国标准	QB/T 1974—2004	洗发液(膏)
	QB/T 1975—2004	护发素
	QB/ T1976—2004	化妆粉块
	QB/T 1977—2004	唇膏
	QB/T 1978—2004	染发剂
	QB 1994—2004	沐浴剂
	QB/T 2284—1997	发乳
	QB/T 2285—1997	头发用冷烫液
	QB/T 2286—1997	润肤乳液
	QB/T 2287—1997	指甲油
	QB/T 2485—2008	香皂
	QB 2654—2004	洗手液
	QB/T 2660—2004	化妆水
	QB/T 2744.1—2005	浴盐 第 1 部分:足浴盐
	QB/T 2744.2—2005	浴盐 第 2 部分:沐浴盐
	QB/T 2874—2007	护肤啫喱
	QB/T 2873—2007	发用啫哩(水)
	QB/T 2872—2007	面膜
	GB 8372—2008	牙膏
	检验方法标准	
	GB/T 7917.1—1987	化妆品卫生化学标准检验方法 汞
	GB/T 7917.2—1987	化妆品卫生化学标准检验方法 砷
	GB/T 7917.3—1987	化妆品卫生化学标准检验方法 铅

	标准编号	标 准 名 称
我国标准	GB/T 7917.4—1987	化妆品卫生化学标准检验方法 甲醇
	GB/T 7918.1—1987	化妆品微生物标准检验方法 总则
	GB/T 7918.2—1987	化妆品微生物标准检验方法 细菌总数测定
	GB/T 7918.3—1987	化妆品微生物标准检验方法 粪大肠菌群
	GB/T 7918.4—1987	化妆品微生物标准检验方法 绿脓杆菌
	GB/T 7918.5—1987	化妆品微生物标准检验方法
	GB/T 13531.1—2008	化妆品通用检验方法 pH 值的测定
	GB/T 13531.3—1995	化妆品通用检验方法 浊度的测定
	GB/T 13531.4—1995	化妆品通用检验方法 相对密度的测定
	GB/T 22728—2008	化妆品中丁基羟基茴香醚(BHA)和二丁基羟基甲苯(BHT)的测定 高效液相色谱法
	GB/T 24404—2009	化妆品中需氧嗜温性细菌的检测和计数法
	GB/T 24800.1—2009	化妆品中九种四环素类抗生素的测定 高效液相色谱法
	GB/T 24800.3—2009	化妆品中螺内酯、过氧苯甲酰和维甲酸的测定 高效液相色谱法

	标准编号	标 准 名 称
我国标准	GB/T 24800.4—2009	化妆品中氯噻酮和吩噻嗪的测定 高效液相色谱法
	GB/T 24800.5—2009	化妆品中呋喃妥因和呋喃唑酮的测定 高效液相色谱法
	GB/T 24800.6—2009	化妆品中二十一种磺胺的测定 高效液相色谱法
	GB/T 24800.7—2009	化妆品中马钱子碱和士的宁的测定 高效液相色谱法
	GB/T 24800.8—2009	化妆品中甲氨喋呤的测定 高效液相色谱法
	GB/T 24800.9—2009	化妆品中柠檬醛、肉桂醇、茴香醇、肉桂醛和香豆素的测定 气相色谱法
	GB/T 24800.10—2009	化妆品中十九种香料的测定 气相色谱-质谱法
	GB/T 24800.11—2009	化妆品中防腐剂苯甲醇的测定 气相色谱法
	GB/T 24800.12—2009	化妆品中对苯二胺、邻苯二胺和间苯二胺的测定
	GB/T 24800.13—2009	化妆品中亚硝酸盐的测定 离子色谱法
	QB/T 1684—2006	化妆品检验规则
	QB/T 1864—1993 (2009)	电位溶出法测定化妆品中铅
	QB/T 2333—1997	防晒化妆品中紫外线吸收剂定量测定 高效液相色谱法

	标准编号	标 准 名 称
我国标准	QB/T 2333—1997 (2009)	防晒化妆品中紫外线吸收剂定量测定 高效液相色谱法
	QB/T 2407—1998 (2009)	化妆品中 D-泛醇含量的测定
	QB/T 2408—1998 (2009)	化妆品中维生素 E 的测定
	QB/T 2409—1998 (2009)	化妆品中氨基酸含量的测定
	QB/T 2470—2000 (2009)	化妆品通用试验方法 滴定分析(容量分析)用标准溶液的制备
	SN/T 1032—2002	进出口化妆品中紫外线吸收剂的测定 液相色谱法
	SN/T 1475—2004	化妆品中熊果苷的检测方法 液相色谱法
	SN/T 1478—2004	化妆品中二氧化钛含量的检测方法 ICP-AES 法
	SN/T 1495—2004	化妆品中酞酸酯的检测方法 气相色谱法
	SN/T 1496—2004	化妆品中生育酚及 α-生育酚乙酸酯的检测方法 高效液相色谱法
	SN/T 1498—2004	化妆品中抗坏血酸磷酸酯镁的检测方法 液相色谱法
	SN/T 1499—2004	化妆品中曲酸的检测方法 液相色谱法

	标准编号	标 准 名 称
我国标准	SN/T 1500—2004	化妆品中甘草酸二钾的检测方法 液相色谱法
	SN/T 1780—2006	进出口化妆品中氯丁醇的测定 气相色谱法
	SN/T 1781—2006	进出口化妆品中咖啡因的测定 液相色谱法
	SN/T 1782—2006	进出口化妆品中尿囊素的测定 液相色谱法
	SN/T 1783—2006	进出口化妆品中黄樟素和6-甲基香豆素的测定 气相色谱法
	SN/T 1784—2006	进出口化妆品中二噁烷残留量的测定 气相色谱串联质谱法
	SN/T 1785—2006	进出口化妆品中没食子酸丙酯的测定 液相色谱法
	SN/T 1786—2006	进出口化妆品中三氯生和三氯卡班的测定 液相色谱法
	SN/T 1949—2007	进出口食品、化妆品检验规程 编写基本规则
	SN/T 2051—2008	食品、化妆品和饲料中牛羊猪源性成分检测方法 实时PCR法
	SN/T 2098—2008	食品和化妆品中的菌落计数检测方法 螺旋平板法
	SN/T 2103—2008	进出口化妆品中8-甲氧基补骨脂素和5-甲氧基补骨脂素的测定 液相色谱法

	标准编号	标 准 名 称
我国标准	SN/T 2104—2008	进出口化妆品中双香豆素和环香豆素的测定　液相色谱法
	SN/T 2105—2008	化妆品中柠檬黄和桔黄等水溶性色素的测定方法
	SN/T 2106—2008	进出口化妆品中甲基异噻唑酮及其氯代物的测定　液相色谱法
	SN/T 2107—2008	进出口化妆品中一乙醇胺、二乙醇胺、三乙醇胺的测定方法
	SN/T 2108—2008	进出口化妆品中巴比妥类的测定方法
	SN/T 2109—2008	进出口化妆品中奎宁及其盐的测定方法
	SN/T 2111—2008	化妆品中8-羟基喹啉及其硫酸盐的测定方法
	SN/T 2192—2008	进出口化妆品实验室化学分析制样规范
	SN/T 2206.1—2008	化妆品微生物检验方法　第1部分：沙门氏菌
	SN/T 2206.2—2009	化妆品微生物检验方法　第2部分：需氧芽孢杆菌和蜡样芽孢杆菌
	SN/T 2206.3—2009	化妆品微生物检验方法　第3部分：肺炎克雷伯氏菌
	SN/T 2206.4—2009	化妆品微生物检验方法　第4部分：链球菌

	标准编号	标 准 名 称
我国标准	SN/T 2206.5—2009	化妆品微生物检验方法 第5部分：肠球菌
	SN/T 2206.6—2010	化妆品微生物检验方法 第6部分：破伤风梭菌
	SN/T 2285—2009	化妆品体外替代试验实验室规范
	SN/T 2286—2009	进出口化妆品检验检疫规程
	SN/T 2287—2009	进出口化妆品 HACCP 应用指南
	SN/T 2288—2009	进出口化妆品中铍、镉、铊、铬、砷、碲、钕、铅的检测方法 电感耦合等离子体质谱法
	SN/T 2289—2009	进出口化妆品中氯霉素、甲砜霉素、氟甲砜霉素的测定 液相色谱-质谱/质谱法
	SN/T 2290—2009	进出口化妆品中乙酰水杨酸的检测方法
	SN/T 2291—2009	进出口化妆品中氢溴酸右美沙芬的测定 液相色谱法
	SN/T 2292—2009	化妆品级滑石中铅、镉的检测方法 石墨炉原子吸收光谱法
	SN/T 2328—2009	化妆品急性毒性的角质细胞试验
	SN/T 2329—2009	化妆品眼刺激性/腐蚀性的鸡胚绒毛尿囊膜试验
	SN/T 2330—2009	化妆品胚胎和发育毒性的小鼠胚胎干细胞试验

	标准编号	标 准 名 称
我国标准	SN/T 2359—2009	进出口化妆品良好生产规范
	SN/T 2393—2009	进出口洗涤用品和化妆品中全氟辛烷磺酸的测定 液相色谱-质谱/质谱法
		原料标准
	QB/T 2488—2006	化妆品用芦荟汁、粉
ISO国际标准		现行标准
	ISO 10130:2009	化妆品 分析方法 亚硝胺类:柱后光解衍生高效液相色谱法测定化妆品里的N-亚硝基二乙醇胺
	ISO 15819:2008	化妆品 分析方法 亚硝胺类:高效液相色谱和串联质谱法测定化妆品中的N-亚硝基二乙醇胺
	ISO 16212:2008	化妆品 微生物学 霉菌和酵母菌的计数
	ISO 18415:2007	化妆品 微生物学 专用和非专用微生物的检测
	ISO 18416:2007	化妆品 微生物学 白色念珠菌的检测
	ISO 21148:2005	化妆品 微生物学 微生物检验通则
	ISO 21148:2005 Cor 1:2006	化妆品 微生物学 微生物检验通则(2006年法语修正版)

	标准编号	标 准 名 称
ISO国际标准	ISO 21149:2006	化妆品 微生物学 化妆品中需氧嗜温性细菌的检测和计数
	ISO 21150:2006	化妆品 微生物学 大肠杆菌的检测
	ISO 22715:2006	化妆品 包装和标识
	ISO 22716:2007	化妆品 良好生产规范 良好生产规范指南
	ISO 22717:2006	化妆品 微生物学 绿脓杆菌的检测
	ISO 22718:2006	化妆品 微生物学 金黄色葡萄球菌的检测
	ISO/TR 24475:2010	化妆品 良好生产规范 通用培训资料
	ISO/TR 26369:2009	化妆品 防晒测试法 防晒产品光保护性方法述评
	ISO 29621:2010	化妆品 微生物学 低微生物风险产品的风险评估和识别指南
	正在制定中的标准	
	ISO/DIS 11930	化妆品 微生物学 化妆品防腐剂的能效测试与评价
	ISO/DIS 12787	化妆品 分析方法 色谱分析结果的验证标准
	ISO/NP 16128	化妆品 天然和有机化妆品成分及其产品的专业定义

	标准编号	标 准 名 称
ISO国际标准	ISO/AWI 16217	化妆品 防晒测试方法 防水性能测试
	ISO/DIS 24442	化妆品 防晒测试方法 防晒产品长波紫外线防护的体内测试方法
	ISO/CD 24443	化妆品 防晒测试方法 防晒产品长波紫外线防护的体外测试方法
	ISO 24444	化妆品 防晒测试方法 防晒指数的体内测试方法
	ISO/WD 24445	化妆品 防晒测试方法 防晒指数的体外测试方法

参 考 文 献

[1] 全国香料香精化妆品标准化技术委员会. GB 5296.3—2008《消费品使用说明 化妆品通用标签》实施指南及相关法律法规选编. 北京:中国标准出版社,2009.

[2] 《〈化妆品标识管理规定〉实施指南及相关法律法规选编》编写组.《化妆品标识管理规定》实施指南及相关法律法规选编. 第二版. 北京:中国标准出版社,2009.

[3] 董益阳. 化妆品检测指南. 北京:中国标准出版社,2009.

[4] 董银卯. 化妆品配方设计与制备工艺. 北京:化学工业出版社,2005.

[5] 何黎,陈明清. 皮肤保健与美容知识问答. 云南:云南科技出版社,2008.

[6] 吴娟. 女性美容护肤秘诀. 北京:人民军医出版社,2005.

[7] 朱红穗. 现代护肤美容学. 第二版. 上海:东华大学出版社,2007.

[8] 张君坦,郑霄阳,林忠豪. 头发养护与脱发防治 160 问. 北京:人民军医出版社,2008.

[9] 赖维,等,主译. 头发的护理与疾病治疗.

北京:人民卫生出版社,2009.

[10] 洪明.毛发生理常识与清洁保养.北京:化学工业出版社,2007.

[11] 蔡晶.化妆品质量检验.北京:中国计量出版社,2010.

[12] 郑星泉,周淑玉,周世伟.化妆品卫生检验手册.北京:化学工业出版社,2003.

[13] 王培义.化妆品—原理·配方·生产工艺.第二版.北京:化学工业出版社,2006.

[14] 刘春梅.伪劣化妆品的鉴别.商品储运与养护,2007(2):58-61.

[15] 王文慧,李邻峰,路雪艳.化妆品过敏的常见变应原及诊断.中国工业医学杂志,2006,19(4):223-227.

[16] 张传斌,徐凤莲.购洗面奶还有哪些不可忽略的注意事项.监督与选择,2005(6):57.

[17] 金慰鄂.如何选购护发用品.农家顾问,2004(6):63.

[18] 戴岚.植物精油的鉴别和使用.中国检验检疫,2006(11):62.

[19] 李伟年.抗衰老化妆品发展趋势.日用化学品科学,2006,7(29):14-18.

[20] 秦钰慧.化妆品管理及安全性和功效性

评价. 第一版. 北京:化学工业出版社,2007.

[21] 裘炳毅. 化妆品化学与工艺技术大全. 北京:中国轻工业出版社,2008.

[22] 张倩,霍本兴. 化妆品不良反应监测与研究进展. 国外医学(卫生学分册),2007(5):293-297.

[23] 刘玮,房军,蔡瑞康. 化妆品不良反应及其临床监测. 中国卫生监督杂志,2008(3): 183-187.

[24] 王学民. 功能性化妆品—美容皮肤科实用技术. 北京:人民军医出版社,2007.

[25] 何黎,刘玮,等. 皮肤美容学. 北京:人民卫生出版社,2008.

[26] Marissa D. Newman, Mira Stotland, Jeffrey I. Ellis. The safety of nanosized particles in titanium dioxide and zinc oxideebased sunscreens. J Am Acad Dermatol,2009,61: 685-692.

[27] Paolo U. Giacomoni, Thomas Mammonea, Matthew Teri. Gender-linked differences in human skin. Journal of Dermatological Science,2009,55(3):144-149.